LITERATURA E TEORIA DA COMPLEXIDADE

REVENDO CONCEITOS

HILDA MAGALHÃES

Copyright © 2025 HILDA MAGALHÃES

Todos os direitos reservados.
Nenhuma parte deste livro poder ser reproduzida ou transmitida sob qualquer meio ou modo sem a autorização expressa da autora.
ISBN: 9798301643255

Para minha filha Lorena.

CONTENTS

Title Page
Copyright
Dedication
INTRODUÇÃO   1
I-LITERATURA E TEORIA DA COMPLEXIDADE: DIÁLOGOS POSSÍVEIS   3
II - TEORIA DA COMPLEXIDADE E SISTEMA LITERÁRIO: ESTRUTURA OU ESTRUTURAS?   20
III - LITERATURA E RECURSIVIDADE HOLOGRÁFICA   42
IV- COMPLEXIDADE E TEXTO LITERÁRIO: A OBRA COMO DEVIR   53
À GUISA DE (IN)CONCLUSÃO   78
About The Author   81

INTRODUÇÃO

Grande parte da tradição crítica literária surgiu a partir de uma noção de ordem, origem de uma visão determinista e mecânica, de separabilidade, segundo a qual, para se conhecer um dado objeto, necessita-se decompô-lo em partes, e de uma razão baseada em binomia maniqueísta e que rejeita a lógica do terceiro incluído. Entretanto, esse conhecimento não conseguiu dar conta da realidade. Tentando responder a questões que fugiram à razão cartesiana, surgiram então as ciências sistêmicas, abalando a lógica cartesiana, de cunho exclusivista e reducionista.

Como ver um mundo em que a ordem não é absoluta, a separabilidade é relativa e a lógica não dá conta de todos os problemas que existem? A Física Quântica demonstrou, no início do Século XX, que a realidade no nível subatômico é relacional e subjetiva, posto que depende de olhar do observador, de modo que a realidade só pode ser explicada a partir da sua compreensão como padrões relacionais de natureza complexa.

Esta nova forma de pensar faz parte de uma mudança paradigmática em curso, que está redimensionando todas as ciências, propiciando o surgimento de formas originais de se conceber os saberes de um modo geral. É neste contexto que Edgar Morin (2011), na segunda metade do Século, nos apresentou a Teoria da Complexidade, concebendo a realidade como uma rede caracterizada não apenas por um grande número de elementos correlacionados, mas sobretudo pela variedade e pelo alto número de relações que se estabelecem entre eles.

Alguns tópicos relativos a essa mudança paradigmática têm sido contemplados de forma parcial pelos estudos apresentados pela Ecocrítica inglesa e, de modo tangencial, nas pesquisas sobre a relação entre literatura e didática. Valores como interdisciplinaridade, multidisciplinaridade, transdisciplinaridade se justificam a partir de uma visão da realidade como algo complexo e estão em evidência nos principais estudos que se fazem hoje sobre temas ligados à Educação, nela inclusos os estudos literários. Entretanto ainda são tímidos os esforços no sentido de se reverem os conceitos básicos da literatura sob o ponto de vista da Teoria da Complexidade.

Os quatro artigos que apresentamos neste volume foram escritos entre 2013 e 2017 e tratam da relação entre literatura e complexidade. As reflexões neles contidas resgatam conceitos e teorias desenvolvidas por nós nos cursos de Mestrado (**Os princípios da Crítica Dinâmica**) e Doutorado (**Por uma história/historicidade da obra literária**), explorando, sob as luzes da Teoria da Complexidade, a identidade do literário e suas consequências teóricas.

I-LITERATURA E TEORIA DA COMPLEXIDADE: DIÁLOGOS POSSÍVEIS

1.1-Introdução

Para a Física Quântica, a realidade é relacional, ou seja, tudo, inclusive a realidade subatômica, só existe enquanto padrões relacionais complexos. Além disso, para a Física Quântica, não há separação entre o sujeito e o objeto e, consequentemente, não pode haver qualquer saber isento de subjetividade.

A Biologia nos ensina que a vida, em todos os seus níveis, se define enquanto inter-relações organizadas em sistemas abertos, ou seja, sistemas em permanente interação com o meio, com o qual trocam materiais, informações e energia, de forma contínua e permanente.

Os estudos da Ecologia, por seu turno, também se sustentam na ideia de que tudo existe de forma interligada, formando os sistemas e ecossistemas, definidos como redes relacionais implicadas, ou seja, cada sistema existe dentro de um outro sistema (ecossistema), que, por sua vez, se insere em um sistema mais amplo, e assim por diante, mantendo inter-relações de forma equilibrada. Tal equilíbrio, entretanto, não apresenta uma natureza estática, ou seja, não está ligado necessariamente à noção de harmonia, o que significa que os elementos sistêmicos se encontram em relativo equilíbrio, de modo que qualquer modificação em um deles acarreta transformações em todo o conjunto.

Morin (2011), a partir dessas ideias, que também estão na base da cibernética e da teoria da informação, nos apresenta a Teoria da Complexidade, segundo a qual tudo, inclusive o homem, suas emoções, comportamentos e produtos, são oriundos de relações complexas. Para o teórico, a complexidade se caracteriza não apenas pelo elevado número de elementos que compõem um sistema, mas também pela diversidade das conexões que apresenta. Reportando-nos às suas palavras, "O complexo é aquilo que é tecido simultaneamente, aí subentendidos ordem/desordem, uno/múltiplo, todo/partes, objeto/meio ambiente, objeto/sujeito, claro/escuro". (MORIN, apud MARTINAZZO, 2004, p. 62).

O que nos perguntamos neste momento em que a Teoria da Complexidade tem acarretado profundas modificações em praticamente todas as áreas do saber, é em que ela pode contribuir para o avanço dos estudos literários, tentando abrir uma fresta para os possíveis diálogos entre literatura e Complexidade, no sentido contemporâneo do termo. Tentando encontrar respostas ao nosso questionamento, desenvolvemos as nossas reflexões em duas dimensões básicas: a identidade do literário e a formação do leitor.

1.2- Complexidade e a identidade do literário

O paradigma cartesiano, que sustenta o desenvolvimento da sociedade moderna e contemporânea, se orienta por um processo de sobreposição da razão sobre as demais formas de apreensão do mundo pelo ser humano. Trata-se de um paradigma marcado pela disjunção, pela oposição entre corpo e alma, ciência e filosofia, e que, como nos explica Morin (1986, p. 77),

> provocou a redução do complexo ao simples, do global ao elementar, da organização à ordem, da qualidade à quantidade, do multidimensional ao formal, ao destacar fenômenos em objetos isolados de seu contexto e separados do sujeito que os percebe/concebe.

Esta forma de ver o mundo, explica-nos Capra,

> levou à concepção do universo como um sistema mecânico que consiste em objetos separados, os quais, por sua vez, foram reduzidos a seus componentes materiais fundamentais cujas propriedades e interações, acredita-se, determinam completamente todos os fenômenos naturais. (CAPRA, 2011, p. 37)

Instala-se, com o pensamento cartesiano, o que Morin (1986) chama de visão simplificadora do mundo. Segundo o teórico, (MORIN, 1986), todo tipo de pensamento implica em distinção, que consiste em distinguir objetos e meios; em objetivação, em que se verifica as características do objeto; em análise, em que se decompõem as partes constitutivas do objeto e em seleção, que consiste na escolha dos caracteres de interesse. A ciência cartesiana se caracteriza por simplificar o objeto no ato de pensá-lo. Citando Morin (1986, p. 112),

> A simplificação começa quando a distinção elimina a relação entre o objeto e o seu meio, quando a objetivação elimina o problema da atividade construtiva do sujeito na formação do objeto, quando a explicação se limita e para na análise. A

> simplificação, em suma, começa no ponto em que a distinção se torna disjunção, separando e isolando as entidades sem fazer com que se comuniquem, quando a objetivação se torna objetivismo (ilusão de crer que o nosso espírito reflete, e não produz, a realidade exterior), quando a análise se torna redução do complexo ao simples, do molar ao elementar, quando a desambiguidade do real se torna visão unilateral, quando a eliminação de certos caracteres ou aspectos do objeto ou do fenômeno se torna unidimensionalização, isto é, redução a um só caráter ou aspecto.(MORIN, 1986, p. 112)

A visão que simplifica o mundo é, ao fim e ao cabo, uma visão cega (Morin, 2011), no sentido de que não percebe o que é essencial à vida, ou seja, a interação. Em outras palavras, ao visualizar as partes, não consegue ver o todo em seu movimento dinâmico.

Ao contrário dessa visão simplificadora, a Teoria da Complexidade se sustenta na visão complexa da realidade. Assim, ao invés dos objetos, priorizam-se as relações que tornam o objeto aquilo que ele, historicamente, é. Ao invés da separação, prioriza-se a junção; ao invés do objetivismo, a concepção de que a realidade é construção subjetiva; ao invés da redução, a visão do emaranhado, da rede.

Neste sentido, um dos mais caros conceitos da Teoria da Complexidade é o de sistema, ligado ao de organicidade, segundo o qual "as leis de organização da vida não são de equilíbrio, mas de desequilíbrio, recuperado ou compensado, de dinamismo estabilizado" (MORIN, 2011, p. 22), ou, como nos explica Capra (2011, p. 264),

> A estabilidade de sistemas auto-organizadores é profundamente dinâmica e não deve ser

confundida com equilíbrio. Consiste em manter a mesma estrutura global apesar de mudanças e substituições contínuas de seus componentes,

o que significa que conhecer uma realidade sistêmica não se resume "a descobrir analogias fenomênicas, mas a encontrar os princípios comuns organizacionais, os princípios de evolução desses princípios, os caracteres de sua diversificação" (CAPRA, 2011, p. 264).

É preciso lembrar que o sistema, na visão da Teoria da Complexidade, ao mesmo tempo em que apresenta um certo nível de autonomia, conserva uma relação de dependência com o seu ecossistema. Tal relação pode ser compreendida como em estado de equilíbrio, aqui entendido como "flutuações", que exercem um papel muito importante na manutenção do todo. Conforme Capra (2011, p. 266),

> Qualquer sistema vivo pode ser descrito em termos de variáveis interdependentes, cada uma das quais pode variar numa ampla faixa entre um limite superior e um inferior. Todas as variáveis oscilam entre esses limites, de modo que o sistema encontra-se em estado de contínua flutuação, mesmo quando não existe qualquer perturbação.

Tal estado, que nosso olhar capta erroneamente como em harmonia, é o que se compreende como homeostase, ou seja, "um estado de equilíbrio dinâmico, transacional, em que existe grande flexibilidade; em outras palavras, o sistema tem um grande número de opções para interagir com seu meio ambiente". CAPRA, 2011, p. 266)

Há que se considerar também que cada sistema se encontra em íntima relação com outros sistemas, não havendo como ignorar a importância do contexto na definição dos padrões de flutuação de um todo orgânico. Assim, citando Morin (2011, p. 22), "o sistema só pode ser compreendido se nele incluímos o meio ambiente, que lhe é ao mesmo tempo íntimo e estranho e o integra sendo ao mesmo tempo exterior a ele."

Devido a essa permanente influência do meio, tudo o que se pode afirmar a respeito de um sistema está restrito à ordem do provável, de modo que o imprevisível não pode e nem deve ser descartado. Nestes termos é que compreendemos a afirmação do teórico, quando preconiza que

> a complexidade não compreende apenas quantidades de unidade e interações que desafiam nossas possibilidades de cálculo: ela compreende também incertezas, indeterminações, fenômenos aleatórios. A complexidade num certo sentido sempre tem relação com o acaso. (MORIN, 2011, p. 35)

Outra característica dos sistemas complexos é a sua autonomia, no sentido de autossuficiência. Nas palavras de Capra (2011, p. 274),

> Todo subsistema é um organismo relativamente autônomo, mas também ao mesmo tempo, um componente de um organismo maior; é um 'holon', no termo de Arthur Koestler, manifestando ambas as propriedades independentes dos todos e as propriedades dependentes das partes. Assim, o predomínio total de ordem no universo assume um novo significado: a ordem em um nível sistêmico é a consequência da auto-organização em um nível maior.

A visão holográfica do mundo nos mostra, portanto, que tudo existe de forma dependente, em sistemas abertos e intercomunicantes. Uma tal visão da realidade e das coisas abre espaço para novas questões no campo dos estudos literários. O que seria uma obra de arte, vista da perspectiva da Teoria da Complexidade? E como se manifestaria na realidade sistêmica?

Nos estudos literários, a ideia de sistema se evidencia de forma mais clara em três momentos: nos estudos dos estilos de época, no Estruturalismo e nos fundamentos da Ciência Empírica da Literatura (CEL). O primeiro está voltado para a historiografia e o segundo, para a compreensão do fenômeno literário. Em ambos os casos, a noção de sistema se esgota no nível da literatura, ou seja, há uma visão simplista do sistema, se comparada com a concepção sistêmica que fundamenta a Teoria da Complexidade. Já na terceira concepção, a noção de sistema literário se estende para a análise de elementos sistêmicos mais amplos, envolvendo a produção, a mediação, a recepção e a análise teórica dos textos literários (SCHMIDT, 1989).

Para Morin, o Estruturalismo que, no Século XX, se expandiu a várias áreas do saber, se sustenta numa visão organicista. Segundo o autor, o organicismo "parte do organismo concebido como totalidade harmoniosamente organizada, mesmo quando traz em si o antagonismo e a morte". (MORIN, 2011, p. 28). Esta visão organicista, sobretudo aplicada à literatura, parte da ideia de sistema fechado, em que há equilíbrio harmônico, sem ligação com o leitor e o meio, ao contrário do conceito de sistema apresentado pela Teoria da Complexidade, essencialmente vinculado à noção de organicidade, subjetividade e imprevisibilidade.

Do ponto de vista da organicidade, o que compõe o sistema são as relações entre **os vários elementos e níveis sistêmicos**, que dialogam entre si e se relacionam, por sua vez, com outros sistemas maiores e assim sucessivamente. Do ponto de vista da subjetividade, não há realidade fora do olhar do sujeito, o observador que vê e, vendo, constrói.

Isto posto, sob a perspectiva da Complexidade, um dos desafios dos estudos da literatura consiste em perscrutar o ser literário. Isso significa compreender, do ponto de vista dos sistemas complexos, como se realiza a obra literária enquanto artefato, leitura e devir. Para responder a esta questão, será preciso especular, do ponto de vista da Teoria da Complexidade, a identidade do literário enquanto vontade, enquanto artefato, enquanto legitimação e enquanto devir.

Outra linha de pesquisa que pode se desenvolver a partir da ideia de organicidade é a que diz respeito à historiografia literária. Sob a perspectiva da Teoria da Complexidade, não existe uma exclusão paradigmática de saberes, como defende Khun (1991), mas a pluralidade de paradigmas. Assim, se é fato que cada época operacionaliza uma teoria estética única e específica, também é verdade que há uma teoria geral a todas elas. Não certamente uma teoria apriorística e que possa indiferentemente ser aplicada ao passado (que conhecemos) e ao futuro (que desconhecemos, mas que construímos a partir do presente), mas uma teoria geral que se constrói pouco a pouco e sempre e que toma como objeto de análise das obras as teorias já conhecidas e legitimadas pela própria produção literária. É preciso lembrar, conforme Morin, que as ideias também se organizam em sistemas. Citando o teórico,

> os sistemas de ideias são dotados de uma certa autonomia viva, embora sejam produzidos por nosso espírito e nossa cultura. Uma vez que sua autonomia (relativa) emerge, nossos espíritos e nossa cultura tornam-se os seus ecossistemas que os alimentam de substâncias cerebrais e culturais. (MORIN, 1986, p. 151)

Assim, podemos afirmar que, ao longo da história, cada época apresentou um feixe de produções literárias mais ou menos parecidas, fazendo emergir naturalmente uma teoria estética que, por sua vez, foi sucessivamente suplantada por teorias abstraídas de modelos literários também semelhantes entre si e válidos em seu tempo. Tal sucessividade resultou em que temos hoje não uma teoria literária, não um conceito de estética, mas uma constelação de modelos teóricos e práticos, ou seja, uma multiplicidade de sistemas de ideias, relativizando os valores, os conceitos e as teorias a respeito do fenômeno literário.

Acha-se em construção, deste modo, uma teoria geral que, do ponto de vista da universalidade, corresponderia a uma análise da gramática das diferenças observáveis na prática literária de época para época, mas que, sendo também local, ou seja, de natureza topológica, respeitaria a autonomia regional de cada um de seus participantes.

Assim, considerando que cada época e cada espaço, embora comportem uma pluralidade de leituras, apresentam uma concepção estética mais ou menos específica; que, em razão de sua natureza longeva, a obra sugere, portanto, à ciência da literatura uma visão diacrônica de si própria ou de suas concretizações enquanto leitura, um outro desafio que a Teoria da Complexidade propõe aos estudos literários consiste em tentar compreender não apenas uma história da literatura, mas também uma história da obra literária, definida pela sucessividade dos seus desempenhos estético-diacrônicos. A complexidade, de natureza holográfica, sugere, portanto, duas linhas de pesquisa voltadas para a historiografia: uma interessada na identificação, do ponto de vista holográfico, dos paradigmas que se sucedem no tempo e outra, interessada na obra, que, dialogando com tais paradigmas, se desvela no tempo, através de uma historicidade particular, individualizada.

1.3- Complexidade e formação do leitor

Uma outra frente de estudos que pode sofrer influências

da Teoria da Complexidade diz respeito à formação do leitor, linha de pesquisa de certa forma marginal nos estudos literários, relegada, na maioria das vezes, aos profissionais da Pedagogia.

O ensino da literatura apresenta um perfil historiográfico e centrado na transmissão de informações. Neste processo, o texto literário é deixado de lado, sendo substituído por fragmentos ou resumos, o que inviabiliza um contato mais direto do leitor com a obra.

Para tentarmos compreender como a Teoria da Complexidade pode contribuir para a melhoria do ensino de literatura, precisamos entender a sua noção de sujeito. No paradigma cartesiano, marcado pelo racionalismo, o homem é concebido, como *homo sapiens* e *homo faber*, ou seja, o homem técnico, racional. Tudo o que resvala dessas competências perde importância. Assim,

> o que é *demens* - o sonho, a paixão, o mito – e o que é *ludens* – o jogo, o prazer, a festa- são excluídos de *homo*, ou, no máximo, considerados como epifenômenos. O sentimento, o amor, a brincadeira, o humor passam a não ter mais lugar, senão secundário ou contingente, em todas as visões controladas pelo paradigma de *homo sapiens/faber*. (MORIN, 1986, p. 113)

Já segundo a Teoria da Complexidade, todas as formas de ser e estar no mundo, de se relacionar com ele, são importantes. Assim, o sujeito é o observador que não apenas não se separa do objeto, como também tem sua identidade formada a partir das suas relações com ele. Para Morin (2011, p. 38), "O sujeito emerge ao mesmo tempo que o mundo. (...) Ele emerge, sobretudo, a partir da auto-organização, onde autonomia, individualidade, complexidade, incerteza, ambiguidade tornam-se caracteres próprios ao objeto." E mais,

> o sujeito emerge também em seus caracteres existenciais que, desde Kierkegaard, foram postos em relevo. Ele traz em si sua irredutível individualidade, sua suficiência (enquanto ser recursivo que sempre se fecha sobre si mesmo) e sua insuficiência (enquanto ser 'aberto' irresolúvel em si mesmo). Ele traz em si a brecha, a rachadura, o desgaste, a morte, o além. (MORIN, 2011, p. 38)

Esse ser incompleto, relacional, mas também sonhador, é o fundador da realidade. Ele está ao mesmo tempo dentro e fora do sistema, numa relação tumultuosa, cujos resultados são previsíveis, mas incertos. Neste sentido, como afirma Morin (2011, p. 43),

> o mundo está no interior de nossa mente, que está no interior do mundo. Sujeito e objeto nesse processo são constitutivos um do outro. Mas isso não resulta numa via unificadora e harmoniosa. Não podemos escapar de um princípio de incerteza generalizada. Assim como na microfísica o observador perturba o objeto, que perturba sua percepção, do mesmo modo as noções de objeto e de sujeito são profundamente perturbadas uma pela outra: cada uma abre uma brecha na outra.

Não há distância entre o eu e a realidade, porque esta é criação daquele e vice-versa. Não há um mundo exterior que não tenha surgido da consciência, do mesmo modo que a consciência também não é previsível e nem mesmo apriorística. Tanto um quanto o outro são emergências, pautadas na incerteza. Isso muda o foco da formação do leitor no sentido de se privilegiar não mais o pensamento, mas o que, no leitor, seria a "brecha" para a complexidade, ou seja, a imaginação, a emotividade, a intuição e a sensibilidade.

Assim, como afirma Morin (1986, p. 113):

> Precisamos superar a noção de homem técnico (*homo faber*), associando a ela, indissoluvelmente, a de homem imaginativo (que imagina, sonha, cria fantasmas, mitifica). Precisamos superar a noção de *homo sapiens* com a noção de *homo sapiens/ demens*, que é a única que permite considerar a capacidade que tem o *homo sapiens* de produzir poesia e arte, sonho e delírio, loucura e horror; ela é a única a nos tornar capazes de compreender que a loucura pode ser produtora de virtudes e sabedoria.

Dentro dessas perspectivas, a formação do leitor de literatura deve operar a incerteza e a perturbação, o insólito e o imprevisível. Formar o leitor de literatura exige, portanto, um navegar pelas brechas, que abre caminho para a complexidade. Isso significa, do ponto de vista da obra literária, valorizar, na relação direta entre o texto e o aluno, a plurissignificação. Já do ponto de vista do leitor, significa importantizar a interdisciplinaridade, a imaginação, a formação de sentidos, visando desenvolver a sensibilidade e a capacidade de fruição do leitor.

O aprendiz, como afirma Moraes (2005, p. 138-139),

> é singular no seu capital genético, em sua morfologia, em sua anatomia, em sua fisiologia, em seu temperamento, em seu comportamento e em suas inteligências. Todos esses aspectos são dimensões de uma individualidade viva, de um sistema aberto e que existe no mundo fenomênico. É um ser de qualidade, um ser de existência, que busca sua autonomia de ser e existir(.), um ser espiritual em busca de sua transcendência, numa viagem individual e coletiva em busca do

significado da vida.

Isto posto, formar o leitor de literatura significa prepará-lo para interagir com a obra, dar-lhe um sentido ao mesmo tempo em que se constrói como leitor/ser humano. Do ponto de vista da Teoria da Complexidade, não há como ignorar ou diminuir a importância da literatura na formação do leitor e do cidadão, pois, do mesmo modo que o observador (o sujeito) cria a realidade e se recria em sua relação com o mundo, também o leitor/ser humano/cidadão se constrói na leitura.

É preciso alargar o sentido do aprender, para além do racional e para além da disciplinaridade, pois, lembra-nos Moraes (2005, p 138), o aluno é

> um ser indiviso, para quem já não existe a fantasia da separatividade entre corpo e mente, cérebro e espírito, lado direito e esquerdo. É o indivíduo visto e compreendido como uma totalidade integrada, indivisível, que compreende o diálogo existente entre a mente e o próprio corpo, que constrói o conhecimento usando não apenas o seu lado racional, mas também as sensações e as emoções, vivenciando um processo integrado que combina diferentes funções e relacionadas com a lógica, com a sequencial, bem como funções mais globais, que envolvem a intuição, a orientação espacial e as aptidões musicais.

Nestes termos, a disciplinaridade, que petrifica, que "abstrai" o objeto de estudo de seu meio ambiente (CAPRA, 1991, p. 259), deve ser substituída por uma abordagem essencialmente interdisciplinar, ou seja, o projeto de formação do leitor de literatura não deve ser a literatura pela literatura, mas o texto literário em relações diversas, em especial com as demais manifestações artísticas.

Lembrando D'ambrósio (1997) e Fazenda (2002), a

interdisciplinaridade exige uma prática baseada na abertura e no respeito em relação aos conhecimentos e aos métodos de outras disciplinas. Compreendida como um diálogo entre saberes (FAZENDA, 2002), ela propicia uma abordagem pedagógica da literatura em suas relações sistêmicas.

Neste processo, há também que se ampliar, sob uma visão transdisciplinar, o conceito de saber, acolhendo-se e estimulando-se não apenas os saberes de natureza racional, mas também os oriundos da experiência estética, da espiritualidade e da fisicalidade, todos importantes no processo de construção de sentidos.

Em relação à fruição ou ao prazer da leitura, assim como o desenvolvimento da imaginação e da sensibilidade, todos, do ponto de vista da complexidade, carecem de amadurecimento tanto teórico quanto empírico. A fruição, por exemplo, ainda é um conceito abstrato, orbitando na esfera da teoria e da crítica literária. Desenvolvido pela estética da recepção, trata-se de um conceito que precisa ser alargado através de pesquisas interdisciplinares envolvendo outros saberes, dentre os quais, a Neurociência. Perceber os sinais físicos e psíquicos da fruição seria interessante não apenas para o desenvolvimento do próprio conceito, como também para a criação de estratégias e métodos para formação de leitores.

Além dessas linhas de investigação diretamente ligadas à formação do leitor, a Teoria da Complexidade abre espaço para se investigar, sob a perspectiva da interdisciplinaridade, a relação da literatura com outras áreas do conhecimento, de modo a compreendermos melhor os papéis que a literatura possa desempenhar em nossa vida, para além ou em decorrência do prazer estético. A catarse, por exemplo, é um conceito tão antigo quanto a própria teoria literária, remontando a Aristóteles (1981), que a define como a capacidade que a obra literária tem no sentido de propiciar ao leitor a liberação de sentimentos reprimidos no ato da leitura, no caso, da tragédia. O conceito foi revisto, depois, por Freud (1996), sem, entretanto, apresentar maiores desvelamentos. Agora, com o surgimento da neurociência e o avanço dos conhecimentos nesta área, estudos interdisciplinares sobre a capacidade catártica da obra poderiam apresentar novas frentes de utilização da literatura na sociedade, como, por exemplo, na formação do cidadão e na diminuição do sofrimento humano nos planos físico e psíquico.

1.4- Considerações finais

Como podemos observar, a Teoria da Complexidade, com a sua noção de sistema e o seu olhar diversificado sobre a realidade, sugere várias linhas de desenvolvimento dos estudos literários. Não se trata, entretanto, de se eliminar ou anular os estudos já realizados, mas de se compreender como eles se posicionam neste novo olhar que nada elimina, tudo congrega, formando um novo saber.

Entender a Teoria da Complexidade e suas consequências teórico-práticas nos estudos literários, entretanto, não nos parece uma tarefa fácil. Demanda especulações de cunho filosófico e técnico cuja natureza e alcance mal adivinhamos no momento. O que nos parece claro, todavia, é o fato de que avançar nos estudos literários nos dias de hoje significa investigar a literatura a partir dos pressupostos da complexidade, o que pode lançar novas luzes para a concepção do literário, a questão axiológica da literatura, a formação do leitor e os papéis que eventualmente a arte da palavra possa desempenhar na sociedade.

Em todos esses esforços não deverão faltar uma postura interdisciplinar, a ampliação do conceito de conhecimento para além do saber racional, a visão de sistema concebido como organicidade e o interesse em conhecer melhor quem é o leitor, esse observador que é, ao final das contas, a chave de toda a aventura literária.

1.5- Referências

ARISTÓTELES, HORÁCIO 7 LONGINO. *A poética clássica*. Trad. Jaime Bruna. São Paulo, Cultrix, 1981.
CAPRA, F. *O ponto de mutação*: a ciência, a sociedade e a cultura emergente. Trad. Álvaro Cabral. São Paulo: Cultrix, 1991.
D'AMBROSIO, Ubiratan (Org.). *Conhecimento, cidadania e meio ambiente*. São Paulo: Peirópolis, 1998).
FAZENDA, Ivani. *Interdisciplinaridade:* um projeto em parceria. São Paulo: Loyola, 2002. FREUD, S. *Totem e Tabu*. Rio de Janeiro: Imago, 1996.
KUHN, T. *A estrutura das revoluções científicas*. São Paulo: Perspectiva, 1991. MARTINAZZO, C. J. *A utopia de Edgar Morin*: da complexidade à concidadania planetária.
2. ed. Ijuí: Unijuí, 2004.
MORAES, M. C. *O paradigma educacional emergente*. 11 ed. Campinas: Papirus, 2005. MORIN, E. *Para sair do século XX*. Trad. Vera de Azambuja Harvey. Rio de Janeiro: Nova Fronteira, 1986.
. *Introdução ao pensamento complexo*. Trad. Eliane Lisboa. 4 e. Porto Alegre: Sulina, 2011.
SCHMIDT, S. J. Do texto ao sistema literário. Esboço de uma ciência da literatura empírica construtivista. In: OLINTO, H.K. *Ciência da literatura empírica*. Rio de Janeiro: Tempo Brasileiro, 1989.

∞∞∞

Este texto foi divulgado pela primeira vez no I SILLETO, realizado na Universidade Federal do Tocantins, Campus de Araguaína, mesa redonda "Desafios e perspectivas contemporâneas para os estudos literários", em 13 de novembro de 2013.

II - TEORIA DA COMPLEXIDADE E SISTEMA LITERÁRIO: ESTRUTURA OU ESTRUTURAS?

2.1-Estrutura e Complexidade

Para Morin, o Estruturalismo "parte do organismo concebido como totalidade harmoniosamente organizada, mesmo quando traz em si o antagonismo e a morte" (MORIN, 2011, p. 28). Parte, portanto, de um conceito de sistema que se distancia do conceito apresentado pela Teoria da Complexidade, que tem como base a noção de organicidade, pelo que se entende a interação não de equilíbrio, mas, ao contrário, de instabilidade (MORIN, 2011, p. 22). Assim, enquanto no Estruturalismo busca-se um modelo estrutural petrificado e abstrato, que deve se aplicar a um grande número de fenômenos, na Teoria da Complexidade, buscam-se "os princípios comuns organizacionais, os princípios de evolução desses princípios, os caracteres de sua diversificação". (MORIN, 2011, p. 22)

Outro aspecto que caracteriza a noção de sistema concebido pela Teoria da Complexidade é o conceito de holograma, aplicado à concepção de realidade. Do ponto de vista dessa teoria, a realidade é holográfica, no sentido de que a parte representa quase a totalidade das características do todo. Este todo inclui também o acaso, de modo que, cada nova ocorrência, fato ou realidade, se define como emergências geradas sob o princípio da interação, da complexidade e da incerteza, portanto, até certo ponto previsíveis, mas incertas.

Nesta nova noção de estrutura, temos a inseparabilidade entre sujeito e objeto, a ideia de movimento, de processo, de organicidade, a existência, enquanto possibilidade, de inúmeras estruturas, tantas quantas forem as perspectivas observadoras, ao invés de uma estrutura única e abstraída e abstraível do objeto.

De acordo com o eixo Derrida, Lacan, Heidegger e Nietzsche, aprendemos que não há um centro de onde as estruturas emanem e nem uma estrutura central. A origem é na verdade a não origem. Do mesmo modo, a cadeia significante não é definida por um código, mas pela probabilidade.

Não temos, portanto, um código, mas a fonte, a nascente, que se abre à possibilidade. Não há um centro fora do objeto e nem este é reflexo de coisa alguma, o que separa a teoria da complexidade de toda a tradição da filosofia que separa forma e conteúdo, corpo e alma, estrutura e conteúdo, significante e sentido. Do mesmo modo, não há a fala ou o apagamento do sujeito no Outro, a fala e o sujeito são ambos emergentes de variáveis distintas. Também não há uma superestrutura psicológica, nem epistemológica e nem filosófica, nem física e nem biológica. Tudo é um constante fazer e refazer-se, em constante e imprevisível movimento em que tudo é provável, até mesmo o inesperado.

A noção de estrutura se abre, portanto, à indagação enquanto abertura, exigindo do pesquisador a inserção da historicidade no fenômeno literário. É o que nos explica, por exemplo, Jean Starobinski, citado por Eco (1987, p. 282):

As estruturas não são coisas inertes nem objetos

estáveis. Emergem de uma relação instaurada entre o observador e o objeto; despertam em resposta a uma pergunta preliminar, e é em função dessa pergunta feita às obras que se estabelecerá a ordem de preferência dos seus elementos. É ao contato com a minha interrogação que as estruturas se manifestam e se tornam sensíveis, num texto de há muito fixado na página do livro. Os diversos tipos de leitura selecionam e extraem estruturas "preferenciais"... Bem depressa perceberemos que uma mesma obra, conforme a pergunta que se lhe faça, permitirá a extração de várias estruturas igualmente aceitáveis ou ainda que esta obra se definirá como uma parte dentro de sistemas mais vastos que, superando-a, a englobam. Aqui não cabe ao estruturalismo decidir: ao contrário, a análise estrutural só poderá ser a consequência de uma decisão preliminar que fixe a escala e o interesse da pesquisa. Sem dúvida, a aspiração à totalidade nos impelirá a coordenar os resultados dessas diferentes leituras, a tratá-los como os elementos de uma grande estrutura que seria o significado global, o sentido exaustivo. Tudo induz a crer que essa grande estrutura constitui um termo que não se deixa apreender senão assintoticamente.

Isto considerado, as questões que nos colocamos são as seguintes: O que seria uma obra de arte, vista da perspectiva da Teoria da Complexidade? E como se manifestaria na realidade sistêmica? E ainda, como abordar tal sistema, se cada sistema existe enquanto individualidade? Se ao mesmo tempo em que o abordamos, o construímos?

Antes de seguirmos adiante, precisamos entender as características do sistema complexo como organicidade. Isto é, um todo complexo composto de outros subsistemas e incluso em sistemas mais abrangentes. Além disso, rege-se de forma autônoma, ou seja, auto- organizada. Isso não significa, entretanto, que seja isolado, posto que só existe em interdependência com o que se acha "fora", numa autonomia relativa, o que permite identifica-lo como um sistema ecoauto-organizado. Como tal, está sempre em movimento, do qual se origina a realidade como emergência.

Precisamos também compreender a diferença entre estrutura, estruturalismo, pós- estruturalismo e organicidade.

A história da filosofia e da literatura nos apresenta várias formas de concepção de estrutura, sendo que Aristóteles, em sua Poética (2008), já fazia alusão à estrutura da narrativa como orgânica, um todo formado por forma (esquema ou terminatio para os escolásticos), eidos (ideia), a estrutura inteligível do objeto, a ele imanente, e a ousia (substância), num processo de interações diversas, em que não se separa o eido (ideia) e a ousia (substância).

Para Eco (1987, p. 36) estrutura e subjetividade não podem ser separadas, pois

> Uma estrutura é um modelo construído segundo certas operações simplificadoras que me permitem uniformar fenômenos diferentes com base num único ponto de vista, o que significa que interesses e pontos de vistas diferentes dão origem a arranjos estruturais diferentes na observação do objeto.

A inseparabilidade entre o eu e o objeto não subsiste na visão do paradigma da complexidade e, diante disso, algumas questões já antigas se nos impõem, no que respeita aos estudos sobre a estrutura e o estruturalismo, como por exemplo: Existe a necessidade de recorrência a operações mentais estruturalmente homólogas ao que se observa nos objetos de análise? Existe uma estrutura da estrutura abstraída do fenômeno?

Em toda a evolução da história do pensamento humano, a estrutura recebeu duas formas de concepção: uma ontológica, que busca, de simplificação a simplificação, chegar a um código mor ou modelo estrutural que explicaria todas as coisas e uma voltada para a práxis, que Eco (1987) denomina como metodológico, utilizado como instrumento para compreensão da realidade.

Nesta estaria toda a linha platônica, que investiga uma espécie de "Ur-Código" ou "Código dos códigos", que consistiria

> no próprio mecanismo da mente humana tornado homólogo ao mecanismo que preside aos processos orgânicos. E no fundo, a redução de todos os comportamentos humanos e de todos os acontecimentos orgânicos à comunicação, e a redução de todo processo de comunicação a uma escolha binária não visa a outra coisa senão a reduzir todo fato cultural e biológico ao mesmo mecanismo gerativo. (ECO, 1987, p. 38).

Dentro dessa linha temos o Estruturalismo, corrente crítica, cujo núcleo pode ser representado por Saussure, os estruturalistas de Moscou, Praga e Copenhague, Lévi-Strauss e Lacan, que, mesmo mostrando diferenças entre si, aceitam a possibilidade da abstração de uma estrutura objetiva da obra literária. Entretanto, é necessário deixar claro que, mesmo nos representantes do estruturalismo ortodoxo, os conceitos e definições se bifurcam, de modo que não se pode falar em estruturalismo como um ponto de chegada, mas num ponto de partida com desvelamentos diferenciados e, em alguns pontos, até mesmo contraditórios.

Para Eco (1987, p. 268),

> O que o estruturalismo linguístico tornou evidente, já vimos, não foi o fato de uma estrutura ser um

sistema de partes solidárias e interdependentes, mas o fato de que essa estrutura possa ser expressa em termos de oposições e diferenças, independentemente dos elementos que passam a colmar as valências constituídas pelos polos oposicionais e diferenciais.

Daí ser verdadeira a crítica que Morin (2011) faz ao conceito de sistema dos estruturalistas, que se caracteriza apenas por ordens, por harmonias. Não se percebem a perturbação, a assimetria, a necessidade de compensação, a desordem e o processo autoeco- organizador, pois como afirma Eco (1987, p.277),

> a crítica estrutural reduz aquilo que foi um movimento (a gênese) e aquilo que será um movimento (a infinidade das leituras possíveis) a um modelo especializado porque só nesse sentido pode fixar aquele inefável que era a obra (como mensagem) no seu fazer-se (na fonte) e refazer-se (junto aos destinatários).

Eco divide o Estruturalismo em três: genérico, que na verdade não se trata de estruturalismo, mas simplesmente do reconhecimento da realidade interacional que existe e que se faz presente nos estudos de Aristóteles na Poética (2008), bem como nas reflexões sobre forma e substância da Idade Média; o estruturalismo metodológico, que se refere basicamente ao desvelamento de várias estruturas, que são produzidas por um sujeito histórico de modo a facilitar a compreensão da obra, e o estruturalismo ontológico, que versa sobre o Ur Código, a estrutura das estruturas, idêntica aos mecanismos da mente, do espírito ou do inconsciente (Lacan), código ao qual todos os demais se referem como algo imutável, absoluto e que deve ser descoberto.

É preciso esclarecer, como afirma Eco (1987), que não há apenas um tipo de estruturalismo. Assim, por exemplo, Lucian

Goldman apresentou um método de análise estruturalista mais abrangente do que o Estruturalismo ao inserir a literatura em sistemas mais abrangentes para explicar sua origem, concebendo ao mesmo tempo os fatos humanos em sua individualidade, num processo de compreensão dos fatos (GOLDMAN, 1967).

Do mesmo modo, não há como se falar em atividade estruturalista sem necessariamente ser estruturalista, ou seja,

> uma crítica poderá ser considerada 'estruturalista' sem todavia limitar-se a um estudo puramente sincrônico da obra: porque a individuação do idioleto (ou seja, aquela maneira específica de tratar a perspectiva de que falava Argan) gera uma pesquisa sobre as mutações do idioleto (e eis que nasce uma história das formas e dos estilos), ou uma investigação sobre como se formou o idioleto (voltamos, assim, através da mediação estrutural, ao estudo genético da obra) ou enfim uma casuística dos vários modos de permanência do idioleto (que pode subsistir no contexto geral das obras de um autor _ Avalle_, no contexto de uma linguagem literária específica _ Corti_, no contexto da escola a que a obra dá origem, e é o estudo das 'maneiras'_, no contexto de uma fenomenologia dos 'gêneros'). (ECO, 1987, p. 276)

O que diferencia o estruturalista daquele que faz alguma atividade estruturalista é a redução que o primeiro faz em relação ao objeto, limitando-o a um *modus operandi* focado na objetivação de um modelo que possa ser universal ao maior número possível de fenômenos. É estruturalista aquele que reduz o fato a um esquema, de modo a embotar o individual, em escalas sucessivas de abstração, já que para cada abstração pode haver uma estrutura ainda mais reduzida e, portanto, válida a um maior número de fenômenos e, assim, sucessivamente.

O Estruturalismo reduziu o conceito de estrutura a um modelo esquemático, abstraível apenas no que respeita a relações diferenciais e de natureza universal a um grande número de fenômenos, distanciando-se da ideia de organismo já observada em Aristóteles. Como afirma Eco, "A noção de estrutura como sistema de diferenças só será fecunda se unida à noção de estrutura como possibilidade de transposição, instrumento principal de um sistema de transformações." (ECO, 1987, p. 261) Esse seria o estruturalismo não-genérico, distanciado da noção de organismo e preocupado em colocar "em relação formas diferentes para delas inferir um sistema de leis no qual todas se baseiam" (ECO, 1987, p. 262). Conforme o teórico,

> tanto as estéticas da presença quanto as da ausência reduzem-se à tentativa de salvar, no concreto processo histórico através do qual os homens falam entre si, uma 'realidade pura' da arte, que, sem dúvida, deveria, a seguir, dar conta da inefabilidade, da riqueza de determinações que a obra conserva malgrado toda anatomia estrutural e toda violência positivista. (....) Mas vê-la contemporaneamente como mensagens, como sistema de significantes que conotam significados possíveis, permite interpretar todo resíduo justamente como a contínua contribuição de subjetividades diferentes, arraigadas na história e na sociedade, que fazem levitar a presença (muda em si) e a povoam de significados; antes, fazem-na tornar-se um sistema de significados, ao mesmo tempo estável e mutável, cujas estruturas não são o trâmite da comunicação, mas o principal dos conteúdos.

E é justamente nesta perspectiva, a das subjetividades diversas, que se impõe uma revisão da identidade do literário, no paradigma da Complexidade, que é o que nos move neste texto. Assim, aventurando-nos a reeditar algumas reflexões da nossa dissertação de Mestrado e da nossa Tese de Doutoramento, e considerando a obra literária como emergência, manifestação aleatória, produto da interação entre elementos complexos, podemos concebê-la em três níveis sistêmicos: projeto, legitimação e devir.

2.2-A obra como projeto

No primeiro nível, a obra pode ser vista como um "projeto estético" ou um polo energético que, resultante de uma diversidade de variáveis, inclusive a tradição representada pela experiência de leitura do autor, lança-se para o futuro, seu verdadeiro destino enquanto obra de arte. A obra literária, neste estágio, não pode ser compreendida como um texto, uma leitura, mas apenas como projeto; um projeto que, nas suas concretizações, nas suas legitimações, será sucessivamente testado ou concretizado no decorrer do tempo.

Para Pareyson (1984), o artista, ao formar a obra, inventa-se e também à sua legalidade interna ao mesmo tempo em que se põe a obedecê-la. A obra literária acha-se, pois, dotada de uma vontade independente, "uma autônoma e interna finalidade" (PAREYSON, 1984, p. 83) que orienta e condiciona o seu desenvolvimento, e a que o artista se submete no ato de "formatização". Formar, fazer a obra, significa, para Pareyson, levá-la à categoria de êxito, que depende do fato de o artista levar a termo o que a obra exige dele, posto que esta é a única forma da obra deixar-se fazer.

O processo de formatização exige, pois, a simultaneidade de invenção (na verdade a tentativa de êxito) e execução, atos guiados por uma "teleologia interna do êxito", em que a forma age como "formando", oferecendo-se à "adivinhação" do artista, dirigindo as suas tentativas e operações. A criação artística consistiria, assim, numa "dialética entre a livre iniciativa do artista e a teleologia interna do êxito" (PAREYSON, 1984, p. 144). Neste processo, sob os desígnios da arte, o autor se torna "vontade e iniciativa de arte" (PAREYSON, 1984, p. 86), configurando, neste sentido, uma energia formante, e, ao concretizar a obra, ele se torna "gesto do fazer', "modo de formar", estilo.

Assim, antes mesmo da escritura, a obra existe precariamente enquanto vontade estética, enquanto lei que quer se impor obra. Entretanto, não basta que o indivíduo queira criar uma obra literária para que isso se efetive, mas, sobretudo, que ele seja assaltado por um clima estético peculiar ao escritor e em relação ao qual a escrita seria já a sua realização enquanto artefato, conferindo ao projeto uma natureza social, quando será uma vontade representada. É quando a obra se apresenta enquanto idioleto, enquanto código, ou seja, "uma estrutura elaborada sob forma de modelo e postulada como regra subjacente a uma série de mensagens concretas e individuais que a ela se adequam e só em relação a ela se tornam comunicativas" (ECO, 1987, p. 39-40).

A respeito dessa força, Derrida (1995) faz referência à forma como sendo ao mesmo tempo imobilização e ao mesmo tempo mecanismo capaz de gerar uma força inexausta que o crítico deve ser capaz de captar e desenvolver.

O artefato é também um sistema, entretanto trata-se de um sistema fechado e que, enquanto tal, sofre pouca ou nenhuma influência do mundo externo. Não se trata de um modelo autônomo, posto que não tem vida própria fora da leitura ou da escritura. Assim, enquanto não ocorre a leitura, o projeto permanece, de forma abstrata, enquanto vontade. E enquanto tal, é vontade de formatização porque exige um momento de execução, é vontade de atualização porque quer manter-se obra no decorrer do tempo, é vontade de diálogo porque exige a pessoalidade que o represente e o leia; é vontade de socialização porque exige a concretização temporal, epocal; é vontade de individualização porque requer uma leitura única, irreversível, irrepetível, a cada ato legitimado e é vontade de transcendência porque se projeta para o futuro.

Entretanto, do ponto de vista da Teoria da Complexidade, mesmo essa vontade, esse querer, é relacional e depende de variáveis diversas incluindo, dentre outros, aspectos físicos, biológicos, psíquicos, econômicos e culturais, que se relacionam, de forma consciente ou inconsciente. A vontade é, ela mesma, concretização da emergência e fruto da incerteza, oriunda de relações complexas.

O que a salva da completa incomunicabilidade é justamente o ato do autor na cifragem linguística, posto que, ao ser registrada na forma do artefato, ação da mesma forma emergente e relacional, se habilita a se comunicar e a se legitimar em futuras leituras, únicas em sua historicidade no tempo e no espaço. Mas o que ela comunica? O seu polo energético, a sua vontade estética, espécie de fundamento que passa não apenas a existir, com também a se habilitar para o ato comunicativo, no ato da escritura.

2.3-A obra como legitimação

A obra enquanto projeto tem como essência o "querer ser obra" e como destino a sua legitimação, o que ocorre no momento em que o autor (o responsável pelo projeto) representa a vontade estética ou em que o leitor procede à leitura. É neste estágio que a obra demonstra a sua função social, legitimando-se num momento de encontro que envolve diálogo e interação entre a vontade estética que o projeto representa e a experiência estética do leitor.

A inter-relação desses dois polos possibilita a atualização da obra num espaço temporal, tornando o processo legitimador altamente dinâmico. Tal dinamicidade pode ser observada pelo menos por três aspectos: primeiro, porque só ocorre mediante a atualização da obra, que, por sua vez, só pode ser possível no sistema literário, aqui entendido como o conjunto das obras que compõem a experiência estética do leitor. Segundo, porque não é responsabilidade de um único indivíduo, uma vez que a legitimação depende de qualquer leitor que possa estabelecer a interação de sua experiência estética com o projeto original. Terceiro, porque a legitimação se dilui a cada ato ledor, forçando uma nova leitura, exigindo novos leitores, constituindo novas circunstâncias de legitimação estética.

Quando lemos um poema, nossa atividade ledora o apreende em suas relações com outros textos por nós já lidos e que possam legitimá-lo. Este conjunto de obras, flutuante por natureza, posto que varia a cada leitura e a cada projeto legitimado, não pode ser concebido aprioristicamente, compondo-se no próprio ato da leitura. É preciso lembrar que, segundo a Teoria da Complexidade, os sistemas abertos se caracterizam pela entropia e pela neguentropia, a primeira caracterizada pela intervenção de um dado novo no sistema e a segunda, pela capacidade de auto-organização (MORIN, 2011, p. 31). Assim, a cada novo dado, todos os sistemas são mobilizados e, ao ler uma obra o leitor é ele constitutivo do sistema ao mesmo tempo em que o constitui, responsabilizando-se pelos processos entrópicos e neguentrópicos do mesmo. Por conseguinte, o leitor não lê um texto apenas, mas vários, legitimando deste modo ao mesmo tempo diversos projetos literários diferentes.

Como já nos referimos, a legitimação do projeto exige que ele se realize num sistema literário, aqui entendido como sendo formado pelas obras que compõem a experiência de leitura do leitor. Quando lemos um poema, nossa atividade ledora o apreende em suas relações com outros textos por nós já lidos e que possam legitimá-lo, estabelecendo-se então um grupo de obras em inter-relação. Este grupo, flutuante por natureza, posto que varia a cada leitura e a cada projeto legitimado, não pode ser concebido aprioristicamente, compondo-se no próprio ato da leitura.

A existência sistêmica configura condição essencial para que o projeto literário possa se legitimar, considerando que, isolado, o texto poético nem chega a se constituir como tal. Isso equivale a afirmar que, fora da realidade definida pelo sistema, o texto literário não passa de um simples projeto na categoria de vontade.

Como se percebe, do ponto de vista da Teoria da Complexidade, não há uma estrutura invariável construída a partir da abstração de relações de oposição, com validade atemporal, dissociável das "substâncias" presentes no processo, mas uma estrutura particular, que se define num variável número de elementos e propriedades, válido apenas para aquele conjunto de variáveis selecionadas e, portanto, inseparável dos fatos que a geram.

O processo de legitimação é também, na esteira de Luhmann (2012), um processo de redução sistêmica, posto que, ao evidenciar as relações comunicáveis em cada leitura, em cada legitimação, ignoram-se todas as demais, que subsistem apenas como possibilidade. Assim, o sistema literário possível em cada legitimação, é também uma redução sistêmica e se forma em função das semelhanças, que aproximam as obras que possam se legitimar umas às outras, e em função das diferenças, que marcam a individualidade e o grau de originalidade de cada projeto. As semelhanças nos possibilitam reconhecer os grupos estilísticos e genéricos, propiciando-nos a construção de uma história das formas literárias. As diferenças, por sua vez, nos possibilitam reconhecer as características próprias de cada um dos projetos envolvidos, de cada uma de suas legitimações, propiciando o engendramento da historicidade particular da obra em suas concretizações no decorrer do tempo.

Estabelecendo as correlações entre as obras literárias a partir das semelhanças e das diferenças, o sistema traz em si uma função hierárquica, e daí ser a leitura ao mesmo temo interpretação e julgamento. O sistema, elegendo pontos de convergência entre as obras envolvidas, estabelece também graus de identidade diferentes para cada obra em relação aos elementos considerados convergentes, isto é, os elementos em função dos quais as obras se inter-relacionam.

As obras que, em relação ao ponto convergente, demonstram maior identidade compõem o grupo nucleico, um polo de forças central dentro do sistema. As obras que compõem o grupo nucleico legitimam-se de forma positiva, porque se sobrepõem, considerado o ponto convergente, às que habitam a periferia do sistema. Estes textos, ao contrário, legitimam-se de forma negativa, uma vez que, considerado o ponto convergente, não conseguem se sobrepor aos textos que compõem o grupo nucleico. Eleito um novo ponto de convergência, todas as relações se transformam, um novo grupo nucleico é constituído, estabelecendo uma nova ordem hierárquica de valor entre as obras que compõem o sistema literário.

O sistema é essencial no processo legitimador do projeto literário. E, mesmo quando as obras não se inter-relacionam diretamente, isto é, quando a legitimação ocorre pela contraposição do projeto a valores estilísticos já cristalizados epocalmente, o sistema se estabelece, considerando que os valores estéticoepocais resultam de relações sistêmicas já efetivadas e que são atualizadas quando estes valores são operacionalizados na leitura. Neste caso, a obra será colocada à prova mediante as suas relações indiretas com um grupo nucleico já estabelecido e que, não sendo necessariamente do conhecimento do leitor, legitima não apenas os valores estilísticoepocais, como também o novo projeto.

A dinamicidade do processo de legitimação da obra implica na mobilização, no momento da leitura (ou escritura, no caso do autor), de inúmeros outros sistemas, além do literário. Tais sistemas, de natureza física, psíquica, econômica, cultural, dentre outros, compõem o observador, ou seja, o leitor/autor, de modo que o processo de legitimação de uma obra literária ocorre mediante a constituição de sistemas e subsistemas complexos. Aliás, o próprio texto literário é uma representação holográfica de sistemas mais e menos amplos e que são constituídos e mobilizados na leitura e escritura através de saberes, sensações, emoções, desejos etc.

Legitima-se a obra, assim, em sistemas de apoio, com os quais o projeto literário estabelece relações durante a leitura, como esquemas filosóficos, sociais ou de outra natureza, e que, embora não sendo obras de arte, passam, uma vez requisitados no processo de legitimação estética, a compor o sistema literário, contribuindo para o reconhecimento estético do novo projeto, numa circunstância dada.

A relação entre texto literário e sistemas não literários começou a marcar presença mais fortemente nos estudos literários após o surgimento da teoria da recepção, abrindo uma nova perspectiva para os estudos literários. A partir dos estudos sobre a sociedade como realidade sistêmica, de Luhmann, Schmidt (1989) apresentou a o que ficou conhecido como Ciência Empírica da literatura, que concebe por literatura não um fenômeno linguístico, no sentido semiótico, mas a própria vida literária. Interessado em estudar os processos literários, a Ciência Empírica da Literatura centra-se na relação entre literatura e sistemas em princípio não literários, mas que passam a fazer parte do próprio sistema literário, como os sistemas de produção, mediação, recepção e análise literária.

Tal vertente de abordagem do literário nega o texto em si e centra seus esforços na delimitação do literário como construto e, portanto, resultado de inter-relações diversas com sistemas de reconhecimento e valoração do texto literário, manifesto em variados "comunicados" que se realizam no tempo e no espaço.

Sob a perspectiva da Complexidade, o texto não pode ser visto como um núcleo fechado de sentidos, do mesmo modo que a sua legitimação não é responsabilidade de um único indivíduo, uma vez que depende de qualquer leitor que se disponha a fazer a leitura. Trata-se de um processo fluídico, na medida em que se dilui a cada ato ledor, forçando uma nova leitura, exigindo novos leitores, no tempo e no espaço. É a legitimação da obra possível.

Blanchot (1987, p. 49) dedicou os seus estudos teóricos à análise da obra impossível. Fascinado pelo sonho da origem, o teórico persegue o ponto central da obra, que é "aquele que não se pode atingir, o único, porém, que vale a pena atingir", que é sobretudo silêncio e negação do tempo.

Escrever significa, portanto, para o teórico, abordar este ponto em que nada pode ser revelado, em que a fala se torna impossível e em que a única forma de se fazer ouvir é pela imposição do silêncio. Blanchot (1987, p. 75) vê na arte escrita o seu ângulo mais perigoso e traiçoeiro, o "centro", para onde todos os sentidos são "aspirados", o ângulo em que a obra se acha aberta, mas em direção ao centro da esfera, onde reinam o silêncio e a morte, ditando a impossibilidade da obra.

Para a Teoria da Complexidade, entretanto, não há vazios. Não há a obra impossível, do mesmo modo que não há um ponto proibido ou inacessível. Somos todos criadores, operando na incerteza. Sob este ponto de vista, a obra possível é a fala possível, é a obra que fundamenta toda a humanidade: a fala que instituiu a primeira poesia, o primeiro homem, a primeira história, a primeira sabedoria. A obra possível é a fala concreta, é o colorido da fala acompanhando o homem em toda a sua epopeia.

A obra possível, sob a perspectiva da Teoria da Complexidade, é a que se concretiza, representando, de forma holográfica, todas as falas possíveis, se comunicando tanto com o passado quanto para o futuro. Este fato nos leva a conceber uma terceira dimensão da realização sistêmica da obra: a linha do devir.

2.4-A obra como devir

A obra, do ponto de vista da complexidade, apresenta um devir que se cumpre na realização rotativo e translacional da obra poética (MAGALHÃES, 1992 e 1992a), a primeira ligada ao espaço, e a segunda, ao tempo; a primeira comprometida com a sincronia, a segunda, com a diacronia.

No nível rotativo, a obra gira sobre si mesma e permite que, num mesmo espaço e numa mesma época, indivíduos diferentes possam legitimar de maneiras também diversas um mesmo projeto. É a obra se realizando no nível da leitura, no nível sincrônico. No segundo movimento, translacional, a arte se desloca no tempo, adequando-se a padrões estéticos de épocas diferentes. O projeto literário guarda inimagináveis possibilidades de leituras, a se concretizarem no tempo, diacronicamente, num jogo de influências, de feedbacks, de recursividades.

Neste sentido, a obra literária apresenta uma (a) temporalidade que se desvela no tempo, sugerindo-nos, pois, a possibilidade de duas linhas básicas de análise axiológica: uma sincrônica, que se foca no ato ledor, na fruição; e uma diacrônica, que exige a análise da capacidade de atualização estética demonstrada pela obra no decorrer do tempo.

Assim, podemos afirmar que, ao longo da história, cada época apresentou um feixe de produções literárias mais ou menos parecidas, fazendo emergir naturalmente uma teoria estética que, por sua vez, foi sucessivamente suplantada por teorias abstraídas de modelos literários também semelhantes entre si e válidos em seu tempo. Tal sucessividade resultou em que temos hoje não uma teoria literária, não um conceito de estética, mas uma constelação de modelos teóricos e práticos, relativizando os valores, os conceitos e as linhas teórico-críticas.

É preciso lembrar que, sob a perspectiva da Teoria da Complexidade, não existe uma exclusão paradigmática de saberes, como defende Khun (1991), mas a pluralidade de paradigmas. A partir desse ponto de vista, não há uma história retilínea da literatura, pois, se é verdade que cada época prioriza uma teoria estética única e específica, também é verdade que há uma teoria geral a todas elas. Não certamente uma teoria apriorística e que possa indiferentemente ser aplicada ao passado (que conhecemos) e ao futuro (que não conhecemos), mas uma teoria geral que se constrói pouco a pouco e sempre e que toma como objeto de análise das obras as teorias já conhecidas e legitimadas pela própria produção literária.

Tal teoria, do ponto de vista da universalidade, corresponderia, portanto, a uma análise da gramática das diferenças observáveis na prática literária de época para época, mas que, sendo também local, ou seja, de natureza topológica, respeitaria a autonomia regional de cada um de seus participantes.

Assim, considerando que cada época e cada espaço, embora comportam uma pluralidade de leituras, apresentam uma concepção estética mais ou menos específica; que, em razão de sua natureza longeva, a obra sugere portanto à ciência da literatura uma visão diacrônica de si própria ou de suas concretizações enquanto leitura, podemos afirmar que existe não apenas uma história da literatura mas também uma história da obra literária, compreendida como a sucessividade dos seus desempenhos estético-diacrônicos (MAGALHÃES, 1992 e 1992a).

Em outras palavras, aceitamos a possibilidade de termos não apenas uma história literária, que seria a história dos gêneros e dos estilos de época e suas variações, mas variadas histórias, posto que não são descrições do que ocorreu, mas construções (SCHMIDT) e, portanto, com inúmeras possibilidades de realização. Do mesmo modo, também temos o que seria uma história da obra literária, distinta de obra para obra e que será determinada pela sua maior ou menor capacidade de atualização no tempo e no espaço.

Esta historicidade (sucessividade dos desempenhos estéticos de um projeto) ocorre pelo despendimento e pela retenção de um polo energético que, nascido de uma vontade de estese, encontra o seu fim e seu campo semântico num determinado gosto estilísticoepocal, num determinado estado de leitura.

A compilação dessa historicidade se faz possível através da análise da capacidade de atualização da obra poética, que é marcada pela sua maior ou menor capacidade de absorção de valores estéticos diferentes, ditados por realidades e épocas distintas. De acordo com esta capacidade de se manter atualizada, ou seja, de responder satisfatoriamente a parâmetros estéticos de épocas diferentes, a arte escrita permanece viva ou não enquanto obra literária.

Salva-se o texto literário, assim, pela constatação da sucessividade de seus desempenhos estético-diacrônicos, do caos resultante da relatividade dos valores. E se considerarmos que a obra literária, enquanto artefato, transcende o tempo de vida do autor e do leitor, submetendo-se, portanto, aos gostos estéticos do futuro (uma vez que será lida também por leitores do futuro, obviamente condicionados por concepções estéticas diferentes), a reavaliação de uma obra de arte do passado exige não apenas a sua análise na época que condicionou a sua existência enquanto artefato, como também nas épocas que a sucederam.

2.5 - Considerações finais

Do exposto, podemos concluir, portanto, que observar a historicidade particular da obra literária significa, nestas perspectivas, analisar o seu desempenho (positivo ou negativo) quando submetida aos parâmetros estéticos cristalizados pelos estilos de época que se sucederam à sua criação como artefato.

Cada estilo epocal constitui-se, pois, num campo gravitacional estético constituído de características próprias e funciona, na avaliação da historicidade particular da obra, como uma constelação em que a nova obra será legitimada positiva ou negativamente.

Cada novo escritor que surge, cada novo texto, cada novo estilo epocal que surge, é mais um valor que se firma na complexidade enquanto emergência e revisão do passado. São sistemas holográficos de produção e legitimação dos fenômenos literários, incluídos em metassistemas cada vez mais amplos. Cada nova obra é, na verdade, crítica da anterior, contém-na ao mesmo tempo em que a critica e se deixa criticar pelas obras do futuro. Cada novo estilo de época se afirma, pois, como um parâmetro de valoração natural (porque propiciado pela própria produção literária) e nos permite revisitar um estilo do passado, ao mesmo tempo em que o legitima no presente através do novo texto.

Neste sentido, valorar uma obra literária significa legitimá-la numa determinada circunstância de leitura, num determinado estiloepocal historicamente limitado, o que a rigor é levado a termo por todo leitor, enquanto que tentar "saber" o seu valor significa levantar, pelo exercício teórico-crítico, os seus desempenhos estético-temporais enquanto obra possível, o que implica na análise de sua realização estético-translativa.

Porque nascido da lei da recorrência, este processo axiológico é tão antigo e concreto quanto a própria produção literária. Trata-se de uma crítica natural que operacionaliza todas as teorias críticas, acreditando na competência axiológica que existe em todas elas e nas que ainda há por existir.

2.6-Referências bibliográficas

ARISTÓTELES. *Poética*. Trad. Ana Maria Valente. Lisboa, Fundação Calouste Gulbenkian, Lisboa, 2008.
BLANCHOT, M. *O espaço literário*. Trad. Álvaro Cabral. Rio de Janeiro, Rocco, 1987. CAPRA, F. *O ponto de mutação*: a ciência, a sociedade e a cultura emergente. Trad. Álvaro Cabral. São Paulo: Cultrix, 1991.
D'AMBROSIO, Ubiratan (Org.). *Conhecimento, cidadania e meio ambiente*. São Paulo: Peirópolis, 1998).
DERRIDA, J. *A escritura e a diferença*. Trad. Maria Beatriz Marques Nizza da Silva. 2. e. São Paulo: Perspectiva, 1995
FAZENDA, Ivani. *Interdisciplinaridade*: um projeto em parceria. São Paulo: Loyola, 2002. FREUD, S. *Totem e Tabu*. Rio de Janeiro: Imago, 1996.
GOLDMANN, L. *Sociologia do romance*. Rio de Janeiro, Paz e Terra, 1967. KUHN, T. *A estrutura das revoluções científicas*. São Paulo: Perspectiva, 1991. LUHMANN, N. *A sociedade como sistema*. Porto Alegre: EDIPCRS, 2012.
MAGALHÃES, Hilda. *Os princípios da crítica dinâmica*. 2. e. Rio de Janeiro: Presença, 1992.
-------. *Teoria da historicidade particular da obra literária em As primaveras, de Casimiro de Abreu*. Tese de Doutorado. 385 f. UFRJ/Faculdade de Letras, Rio de Janeiro, 1992a.
MARTINAZZO, C. J. *A utopia de Edgar Morin: da complexidade à

concidadania planetária.
2. ed. Ijuí: Unijuí, 2004.
MORIN, E. *Introdução ao pensamento complexo.* Trad. Eliane Lisboa. 4 e. Porto Alegre: Sulina, 2011.
PAREYSON, L. *Problemas da estética.* Trad. Maria Helena N. Garcez. São Paulo, Martins Fontes, 1984.
SCHMIDT, S. J. Do texto ao sistema literário. Esboço de uma ciência da literatura empírica construtivista. In: OLINTO, H.K. *Ciência da literatura empírica.* Rio de Janeiro: Tempo Brasileiro, 1989.

III - LITERATURA E RECURSIVIDADE HOLOGRÁFICA

3.1- Introdução

Pretendemos nesta oportunidade tecer algumas considerações sobre a história/historicidade da obra literária, tomando como ponto de referência a Teoria da Complexidade, apresentada por Edgar Morin (2011) e a natureza longeva da arte escrita (MAGALHÃES, 1992 e 1992a), característica responsável pela sua permanência no tempo enquanto possibilidade de leitura, o que faz com que o seu processo axiológico seja também contínuo no tempo e no espaço.

Para Morin, "complexo" vem do latim *complexus*, que vem do verbo *complectere*, que significa "tecido em conjunto". Nada existe fora da complexidade, ou seja, nada existe per si. Todo tipo de existência só é possível em rede, como resultado de inúmeras e muitas vezes insuspeitáveis relações, de forma rizomática (MORIN, 2011).

Três são os princípios que regem a natureza complexa de tudo o que há: dialogismo, holograma e recursividade. O dialogismo supera a dualidade, posto que considera que os contrários subsistem. O holograma dita a indivisibilidade de todo e parte. Já a recursividade exclui a linearidade dos processos, diluindo a relação causa/efeito, pois ao mesmo tempo em que a causa é efeito, o efeito também é causa. Nos processos históricos, isso significa que, ao invés da linearidade progressiva, temos a espiralidade recursiva.

Na prática, os três princípios acham-se intimamente interligados, de modo que toda realidade se apresenta recursiva, dialógica e hologramática, superando os binarismos do paradigma cartesiano.

3.2- Literatura e recursividade

A recursividade de que trata a Teoria da Complexidade é de natureza holográfica, ou seja, as relações se estabelecem de tal modo que o todo e a parte se acham em contínua formatação: o todo se forma ao mesmo tempo que a parte, do mesmo modo que a parte se afirma como parte e ao mesmo tempo representa o todo. Trata-se de uma espécie de feedback, que nos ajuda a compreender a insustentabilidade da história progressiva, bem como a incomunicabilidade entre presente, passado e futuro. Todos os conceitos devem ser concebidos de forma iterativa: a leitura, por exemplo, comporta duas ações: o leitor age sobre o texto e este, sobre o leitor, de tal modo que, a cada relação que se estabelecem, leitores e leitura nunca se repetem: são sempre únicos e diferentes.

Nos estudos literários, a recursividade pode nos ajudar a entender não apenas o processo de construção textual, como também a própria historiografia literária, pois as relações que se estabelecem entre texto e estilo de época são da mesma natureza, ou seja, ao mesmo tempo em que o estilo de época influencia o texto, este influencia na definição do estilo epocal.

Desde o início do Século XX, observamos um esforço cada vez mais significativo dos estudiosos da literatura no sentido de se resgatarem as obras indevidamente esquecidas pela história literária oficial, o que, sem dúvidas, só vem enobrecer e dignificar a ciência da literatura.

Esta iniciativa tem levado os estudiosos não apenas a redimensionar os valores da história literária, mas também a rever os próprios conceitos fundamentais do fazer poético. Esta atitude leva os teóricos a uma revisão sistemática dos princípios básicos da teoria e da crítica literária uma vez que, resgatando não apenas determinadas obras neglicenciadas pelos historiadores, mas até mesmo estilos de época completos (Benjamin e o Barroco alemão), a historiografia literária coloca, frente a frente, literatura e tempo a desafiarem com insistência historiadores, teóricos e críticos da arte poética.

O esforço de Eliot na reavaliação dos poetas metafísicos, o trabalho de Benjamin na especulação sobre o drama barroco alemão e os esforços dos irmãos Campos na reavaliação da poética de Sousândrade são exemplos de grande importância nesta visão democratizadora da história literária. Entretanto este tipo de trabalho, que equivale ao que Leyla P. Moisés (1973) denomina "crítica das fontes", embora tenha sido fundamental para a se redimensionar a História da Literatura, não basta no resgate dos valores da obra literária. Reconhecer de maneira não preconceituosa o valor de um texto poético na época que condicionou a sua criação enquanto artefato (material gráfico) nos permite observar as condições de seu desempenho estético quando submetido aos parâmetros artísticos que caracterizam o gosto coletivo condicionador de sua primeira leitura (escritura), entretanto havemos de convir que o resgate axiológico de uma obra literária não se resume a isso.

Com efeito, se considerarmos que o texto, enquanto artefato, transcende o tempo de vida do autor e do leitor, submetendo-se a gostos estéticos do futuro, uma vez que será lido também por leitores do futuro, obviamente condicionados por concepções estéticas diferentes, a reavaliação de uma obra de arte do passado exige não apenas a sua análise na época que condicionou a sua existência enquanto artefato, como também nas épocas que a sucederam.

Teríamos, portanto, não apenas uma história literária, que seria a história dos gêneros e dos estilos de época e suas variações, mas também uma história individual ou particular da obra literária, distinta de obra para obra, observável pela perspectiva dos desempenhos estéticos do texto no tempo, quando será submetido não apenas aos parâmetros artísticos da época em que se efetivou a sua primeira leitura (escritura), mas também aos parâmetros que a ela sobreviveram.

3.3- Historicidade particular da obra literária

A história de uma obra se inicia a partir da sua criação pelo autor e se constrói a cada nova leitura. E considerando-se o fato de que a leitura é em si um processo de significação e, portanto, axiológico, a história individual da obra literária é, na verdade, a história dos seus valores. Nisso consiste a concretização da sua historicidade. Historicidade não apenas como sinônimo de capacidade de síntese da tradição (Hegel), mas principalmente como testemunho estético através do tempo (Heidegger).

Estamos nos referindo não mais a um período, não mais a um gênero, mas sim à obra individualizada, marcada pela presença do texto no tempo. Não estamos preocupados apenas com o resgate da origem, entendida por Benjamin (1984) como sendo a ideia estética a partir da qual se salvam todos os textos manifestos (o Barroco seria uma ideia estética; as obras, suas manifestações). A tradição, bem como os estilos de época só nos interessam enquanto pontos de referência, a partir dos quais a obra se salva por si mesma, pela sua capacidade de se manter atual no futuro, de agradar os leitores do porvir.

Existe, do ponto de vista da recursividade, um método analítico axiológico que transcende as barreiras impostas pela imanência da leitura e que resgata os valores da obra observando-se a sua perspectiva de realização diacrônica. Tal perspectiva exige que passemos a ver a obra como um projeto estético ou um sistema energético que, resultante da tradição trabalhada pelo autor, lança-se para o futuro, seu verdadeiro destino enquanto arte, enquanto existência metafórica.

É claro que esta visão histórica do texto poético, tal qual a concebemos, só é aceitável se admitirmos o fato de que tanto o passado quanto o futuro apresentam-se como instâncias diferenciadas de avaliação do fazer literário. Embora na leitura fruidora passado e futuro se diluam no infinitamente presente que é a imanência da leitura (essencialmente sincrônica), não podem, de modo algum, ser minimizados no resgate diacrônico dos valores literários de um texto. Tanto o passado quanto o futuro nos apresentam uma série de concepções estéticas diferentes cristalizadas pela coletividade (estilos de época). Tais concepções contêm em si os valores literários que, nascidos da própria produção poética, regulam e determinam a produção e a avaliação do texto literário no tempo e no espaço.

Ainda que consideremos todos os valores possíveis passados de uma obra literária, herdados pela tradição, estaremos desconsiderando todo o futuro. Escrita a obra, o seu processo axiológico se estende ao infinito, e o grande desafio do texto começa realmente no instante de sua criação, que é já a primeira instância de valor a que se submete. É sobre o futuro que o texto atua e é pelo futuro, pelos leitores do futuro, que ele será avaliado. Toda obra é, pois, resultado do passado (historicidade regressiva) e apresenta uma história futura (historicidade progressiva) que será marcada pelo longo processo de valoração natural, posto que os parâmetros axiológicos são ditados pela própria produção literária cristalizada nos estilos de época por que passa a obra. Neste longo processo, a obra cria a sua própria história, uma história povoada de momentos positivos ou negativos, respectivamente se a obra agrada ou não os leitores do porvir.

Ignorar o futuro ou ainda igualá-lo ao passado e reduzir ao presente toda a historicidade da obra parece-nos convir à análise imanente do texto poético, mas está longe de satisfazer às necessidades de uma análise diacrônica dos valores da obra literária, observável pela perspectiva dos seus desempenhos estético-temporais.

Todo o mérito estético do escritor está, portanto, mais do que na assimilação da tradição, na sua transcendência. Transcendência a ser observada pelos leitores do futuro. O desafio do poeta é projetar-se no porvir, tendo como base apenas o tempo presente, mesclado do novo e da tradição. A obra surge desse momento, que é um instante de síntese, e se projeta para o futuro, que dará a sua real medida.

Marcada pela recursividade, pela relatividade e pela cumulatividade, a questão axiológica da arte literária se resume, nestas perspectivas, à dimensão atualizadora do texto, ou seja, à menor ou à maior capacidade de atualização da obra nas estéticas que sobrevieram a sua criação enquanto artefato. Eis aí a razão por que acreditamos que resgatar a obra na história literária significa também restar a sua historicidade particular, que é a história diacrônica dos seus valores, de suas leituras. Da mesma forma, sem um leitor presente que atualize à sua maneira (na verdade uma maneira coletiva filtrada e construída pela subjetividade) o passado, não há como acompanhar os desempenhos diacrônicos da obra antiga. Em outras palavras, a historicidade particular de uma obra literária só poderá ser analisada se a compilação da histórica literária enquanto diferença for uma prática constante, porque só assim conheceremos os valores estéticoepocais e estaremos seguros à cerca de sua legitimidade.

Cada novo escritor que surge, cada novo estilo epocal que surge, é mais um valor que se firma no presente enquanto revisão do passado. Cada nova obra é, na verdade, crítica da anterior, contem-na ao mesmo tempo em que a critica e se deixa criticar pelas obras do futuro. Do ponto de vista da historiografia, a recursividade aqui sempre entendida nos termos morineanos permite também a reconstrução do passado. Cada novo estilo de época é, pois, um parâmetro de valoração natural (porque propiciado pela própria produção literária) e nos permite ver melhor um estilo do passado, ao mesmo tempo em que o legitima no presente através do novo texto.

Nesta linha de raciocínio, entendemos que a revisão da obra de Oswald de Andrade feita por Haroldo de Campos, exatamente numa época em que os princípios da literatura no país passavam por uma revisão sob as luzes dos concretistas, não nos parece ter sido realizada por mero acaso, de modo que o futuro pode modificar o passado, e, o fazendo, modifica tanto o presente quanto o futuro.

Partindo do pressuposto de que, como acredita Eliot, o crítico que é também escritor não escolhe os seus objetos de estudo aleatoriamente, mas opta pelos textos que lhe falem sobre a sua própria prática poética, podemos afirmar que a revisão de Oswald de Andrade, como também de Sousândrade e Gregório de Matos, se fez necessária e imperiosa porque ela operacionalizou valores que seriam ou estavam sendo validados então pelos concretistas, inclusive pelo próprio Haroldo de Campos (1964, 1989 e 2003).

Para os poetas da vanguarda brasileira de 50 e 60, os vários ensaios de H. Campos, junto às ideias estéticas de Mallarmè, Valéry, Pound, Eliot, Jakobson, dentre outros, serviram de suporte teórico para que o novo emergisse e se legitimasse na arte concreta. Ao analisar na poética de Oswald de Andrade o sintetismo, a afasia, a desestruturação da linguagem como reflexo da desestruturação do homem na metafísica do Séc. XX, explorando a poética do subconsciente, o uso dos pictogramas, o pragmatismo, o ideograma, a arte de invenção, Campos coloca na ordem do dia os valores que marcaram a estética do Concretismo.

De fato, tais valores tiveram grande importância numa época em que se reelaborava a tensão estético-metafórica que marca todos os movimentos de vanguarda, bem como a teoria da antropofagia, numa visão parodística e cubofuturística que, transcendendo as especulações morfossintáticas, questiona também a teoria dos gêneros literários. Neste caso, a causa age sobre o efeito, e o efeito, sobre a causa. Assim, no momento em que as literaturas passadas, de alguma forma, se atualizam no presente, temos a legitimação estética tanto dos textos-base quanto dos textos novos.

Como afirma Morin (1910, p. 13), "Assim, pois, descobrimos uma brecha no passado, que corresponde a uma brecha no presente: o conhecimento do presente requer o conhecimento do passado que, por sua vez, requer o conhecimento do presente." Na interpretação de Rodrigues (2015, p. 67),

> O presente, o passado e também o futuro, pois, estão ligados de maneira recursiva, sendo que o estudo do passado ressignifica o nosso olhar sobre o presente, assim como nosso olhar do presente modifica o nosso olhar sobre o passado e nos orienta para melhor enfrentar o futuro.

O fato de esses escritores haverem atuado tanto na crítica quanto na produção literária ilustra um outro princípio da Complexidade que pode ser observado também na arte literária. Trata-se do dialogismo, que consiste na operação iterativa dos opostos, dos contrários, anulando as marcas do dualismo em todas as situações. Desse modo, os textos críticos são elementos científicos que atuam na sua produção artística e vice-versa, de modo que não existe em última análise distinção entre arte e ciência, posto que são opostos que se encontram em relação em todas as situações.

Assim, recursivamente, quando se instala a prática antropofágica neobarroca, resgatam-se também todos os valores barrocos da literatura brasileira, observáveis, por exemplo, em Gregório de Matos, nos poetas da Academia dos Esquecidos e em Sousândrade. E, ao mesmo tempo em que se cria o novo, cria-se também um novo passado, que, por sua vez, influenciará o futuro.

Para a história literária, essa revisão de Oswald de Andrade serviu para atestar que, de fato, a história é cíclica e pode ser observada pelo processo contínuo de assimilação do velho pelo novo, que é em si já velho, apontando para uma realidade espiralar.

3.4- Considerações finais

Certamente sem a discussão da tradição jamais teríamos claros os valores estéticos do passado, que, tais como os do Barroco, poderiam se perder nas malhas do tempo, na rede de uma história de base puramente ideológica, como ocorreu no Brasil. É preciso lembrar que tanto a história da literatura quanto a história da própria obra só se constroem aos poucos, através do cruzamento de informações do passado e do futuro no texto presente. Tratam-se de processos inacabados, de feedbacks legítimos, mas transitórios.

O cruzamento de informações na produção de um texto

novo marca duas situações históricas importantes, pois ao mesmo tempo em que a história da obra antiga é acrescida em sua historicidade progressiva, uma vez que este texto é legitimado num gosto futuro, a história do novo texto é acrescida em sua historicidade regressiva, uma vez que ocorre a sua legitimação no presente por um gosto do passado (MAGALHÃES, 1992 e 1992a).

Em outras palavras, não há dialética, não há síntese. Assim, também não existe a separação entre efeito e causa, o que é de algum modo reconfortante, porque não temos mais que resolver o dilema de quem nasceu primeiro, se foi o ovo ou a galinha. Recursiva e holograficamente, tudo nasce junto, tudo emerge ao mesmo tempo e de forma iterativa, ou seja, o ovo está na galinha, assim como a galinha está no ovo. Texto e leitor se constroem juntos. Estilos de época e textos se constroem juntos. Texto e história literária se constroem juntos, recursiva e holograficamente.

3.5- Referências

BENJAMIN, Walter. *Origem do drama barroco alemão*. Trad. Sérgio Paulo Rouanet. São Paulo, Brasiliense, 1984.
CAMPOS, Augusto & Haroldo de. *Revisão de Sousândrade*. São Paulo, Perspectiva, 1964.
--------. *O seqüestro do barroco na formação da literatura brasileira*: o caso Gregório de Matos. Salvador, Fund. Casa de Jorge Amado, 1989.
--------. Uma poética da radicalidade. In Andrade, Oswald de. *Pau Brasil*. São Paulo: Globo, 2003.
MAGALHÃES, Hilda. *Os princípios da crítica dinâmica*. 2. e. Rio de Janeiro: Presença, 1992.
--------. *Teoria da historicidade particular da obra literária em As primaveras, de Casimiro de Abreu*. Tese de Doutorado. 385 f. UFRJ/

Faculdade de Letras, Rio de Janeiro, 1992a.

PERRONE-MOISÉS, Leila. *Texto, crítica, escritura*. São Paulo, Ática, 1978. MORIN, E. *Para onde vai o mundo?* Trad. Francisco Morás. Petrópolis, Vozes, 2010.

-------. *Introdução ao pensamento complexo*. Trad. Eliane Lisboa. 4 e. Porto Alegre: Sulina, 2011.

RODRIGUES, A.W. *Um olhar complexo sobre o passado*: história, historiografia e ensino de história. 2015. Disponível em / books.google.com.br/booksrecursividade&f=fa. Acesso em 15 jan 2016.

IV- COMPLEXIDADE E TEXTO LITERÁRIO: A OBRA COMO DEVIR

4.1- Introdução

Objetivamos desenvolver neste artigo algumas ideias apresentadas em nossa tese de doutoramento sobre a historicidade particular da obra literária (1992), buscando refletir sobre a contribuição da Teoria da Complexidade (MORIN, 2011) na compreensão da obra como autônoma e inacabada. Para tanto, procuramos entendê-la como um sistema complexo, holograficamente inserido em uma rede relacional que inclui, além de sistemas literários e não literários, o eu, o acaso e o mundo.

Dialogando com Vico (1988), Blanchot (1987) e Morin (2011), utilizamos também os conceitos de autopoiese e de emergência, de Maturana e Varela (2001), procurando compreender como se origina e se legitima o texto literário.

4.2- Blanchot e a obra impossível

A noção da obra literária como autônoma e inacabada foi apresentada pela primeira vez por Blanchot (1987), que dedicou seus estudos à análise da obra impossível. Suas ideias abriram espaço para a crítica pós-estruturalista, que vê a obra não como representação, mas como performance, indefinidamente inacabada, subversiva e plural, concepções desenvolvidas também por teóricos proeminentes como Barthes, Derrida, Foucault e outros.

Para Blanchot, a obra existe num espaço peculiar, localizado entre a linguagem e o mundo. Fascinado pelo sonho da origem, o teórico persegue o ponto central da obra, que é "aquele que não se pode atingir, o único, porém, que vale a pena atingir" (BLANCHOT, 1987, p. 49) e que é, sobretudo, silêncio e negação do tempo.

A obra impossível não se compromete com a historicidade e, por isso, o ato de escrever só se inicia quando se abandona o mundo e se aborda o ponto central da obra, um novo espaço que se localiza no "fora", em que o nada pode se revelar. É quando, no emblema da dissimulação, a fala não passa de uma sombra da fala, e a linguagem é apenas a sua imagem, uma linguagem imaginária, aquela que ninguém fala, murmúrio do incessante e do interminável, a que é preciso impor silêncio, se se quiser, enfim, que se faça ouvir. (BLANCHOT, 1987, p. 42)

Blanchot vê na arte escrita o seu ângulo mais perigoso e traiçoeiro, o "centro" da obra, onde todos os sentidos são "aspirados" (BLANCHOT, 1987, p.75), o ângulo em que a obra se acha aberta, mas em direção ao centro da esfera, ditando a própria impossibilidade.

O escritor acha-se eternamente fascinado por este centro e, neste sentido, escrever constitui um grande risco porque exige o abandono do artista ao fascínio da ausência de tempo, mediante um progressivo apagamento do eu. Ao sondar o verso, o poeta mergulha nesse tempo destituído de tempo, um espaço de extremo desamparo, onde nada é garantido, reencontrando a sua morte enquanto ser histórico, como abismo (BLANCHOT, 1987, p. 31). A obra encarna, pois, a presença da ausência, o novo que não renova, o presente que não pode se atualizar, o futuro que é sempre e único passado, a descrença no conhecimento, a voz que se cala, que nega tudo o que não seja silêncio, numa errância louca, histérica e suicida (BLANCHOT, 1987, p. 21).

Nesta linha de devir, ou seja, em direção ao silêncio e à morte, dissimulada em várias possibilidades de leitura, a obra é um mistério que não se desvenda, ou antes, que não quer se desvendar. E, nestes termos, ela "implica em princípio o direito de tudo dizer e de tudo esconder, no que ela é inseparável de uma democracia por vir" (DERRIDA, 1999, p. 206).

Para os pós-estruturalistas, a literatura não é representativa. Assim, para Blanchot, o espaço da escritura é o Fora. Para Foucault, é o espaço da subversão da escrita, da loucura (1994). Para Barthes, o resultado de um trabalho erótico com a linguagem, de caráter intransitivo, pois o universo criado na literatura é regido por leis próprias, de modo que o texto literário nunca diz o mundo, mas a si mesma. Assim, se o escritor concebe a literatura como fim, o mundo lha devolve como meio; e é nessa decepção infinita que o escritor reencontra o mundo, um mundo estranho, aliás, já que a literatura o representa como uma pergunta, nunca, definitivamente, como uma resposta. (BARTHES, 2007, p. 33)

Na sua intransitividade, a arte literária não exige provas, do mesmo modo que não pode ser verificada ou corroborada. No tempo, a verdade pode apoderar-se dela, a fama pode tentar esclarecê-la e iluminá-la, entretanto nada disso lhe diz respeito, já que a "evidência não a torna segura nem real, apenas a torna manifesta" (BLANCHOT, 1987, p. 12), e isso também não lhe diz respeito, uma vez que ela não "exige sobrevivência neste mundo nem promoção ao paraíso da cultura". (BLANCHOT, 1987, p. 222)

A obra se esconde impassível e impossível para além do livro, o espaço atemporal onde não se pode afirmar que ela seja acabada ou inacabada. Neste sentido, escrever torna-se um ofício de Sísifo, posto que o artista nunca sabe se a obra está realizada, de modo que o que ele terminou num livro "recomeçá-lo-á num outro" (BLANCHOT, 1987, p. 11).

Nesta linha do devir, a obra literária é inapreensível porque o escritor exige mais do que pode obter. A arte literária não permite ao escritor mais intimidade do que aquela necessária para se concretizar. Assim, no instante em que a obra toma forma, ela o encara com indiferença. Este é, para Blanchot, o momento que "reúne toda a essência da obra no fato de que existe agora obra, começo e decisão inicial, esse momento que anula o autor" (BLANCHOT, 1987, p. 201).

Neste processo, o artista

> não mais participa em sua criação como pessoa particular, porém como inteligência que poetiza, como operador da língua, como artista que experimenta os atos de transformações de sua fantasia imperiosa ou de seu modo irreal de ver um assunto qualquer, pobre de significado em si mesmo. (FRIEDRICH, 1978, p. 17)

A morte do escritor é necessária, pois a obra não "serve para", do mesmo modo que nada diz, propondo-se como pergunta e não como resposta. Como enigma, apresenta-se claramente como significante, mas conserva o significado suspenso. (BARTHES, 1988)

Segundo Blanchot (1987), a obra acha-se dissimulada no livro e só tem sentido de realização e plenitude para o leitor. Na leitura, ela é completa. E, embora nada produza, parece ao teórico mais positiva, mais criadora do que a criação. Nela não temos tanto a luta sombria do criador com o vazio onde procura emergir a fim de tornar-se senhor, mas sim a evocação da parte divina da criação.

O que o leitor percebe é a obra possível, a que não está sob a ameaça do centro, pois, na leitura, não se busca a obra única que se esconde atrás do livro. Há, sem dúvidas, uma espécie de apelo, que vem da própria obra e ao qual o leitor só atende respondendo-lhe no ato da efetivação da leitura, mas ele não investe, pelo menos não na mesma intensidade do escritor, esforços para saber mais do que a sua leitura lhe permite. Cabe ao leitor promover o "fechamento" da obra (BARTHES), devolvê-la à historicidade, mesmo que se saiba que isso é provisório, porque o processo se repetirá, em inúmeras outras leituras, indefinida e qualitativamente.

Como podemos perceber, há na visão da crítica pós-estruturalista alguns aspectos que dialogam com a Teoria da Complexidade. Para Morin (2011), tudo o que existe é possível como parte de um sistema complexo, que se caracteriza não apenas por comportar um grande número de elementos, mas também por apresentar uma infinidade de relações entre tais elementos entre si e com elementos de outros sistemas, holograficamente. Ou seja, as relações não se esgotam entre os elementos internos do sistema, que por sua vez pode comportar vários sistemas menores, mas se estendem a interações com elementos do macrossistema, isto é, com sistemas maiores e com os quais troca energia, material e informação. Dessa relação dialógica surge a nova realidade, como emergência, regida não pela lei da certeza, mas pela lei da probabilidade, o que inclui a incerteza, o acaso, o inesperado.

Para Maturana e Varela (2001, p. 52), a vida se organiza como redes de elementos capazes, no conjunto, de produzirem a si mesmos, de forma autônoma e auto-organizada. A emergência ocorre, explicam os autores (MATURANA e VARELA, 2001, p. 131), quando elementos do conjunto são impactados e "o organismo inteiro experimenta mudanças correlativas, em muitas dimensões ao mesmo tempo".

Não há como se prever com certeza, o resultado das interações nos processos complexos, posto que não há nenhum direcionamento, senão as interações, elas próprias, em estado de "deriva", ou seja, inscritas no acaso. Transcrevendo as palavras de Maturana e Varela, as

> mudanças que nos parecem corresponder a alterações ambientais não são causadas por estas: elas ocorrem na deriva configurada no encontro operacionalmente independente entre organismo e meio (...). Em resumo: a evolução é uma deriva natural, produto da invariância da autopoiese e da adaptação. (MATURANA E VARELA, 2001, p. 131)

Sobre a presença do aleatório no mundo complexo, afirma Morin (2011, p. 35) que

> a complexidade não compreende apenas quantidades de unidade e interações que desafiam nossas possibilidades de cálculo: ela compreende também incertezas, indeterminações, fenômenos aleatórios. A complexidade num certo sentido sempre tem relação com o acaso.

O acaso está ligado à liberdade e à espontaneidade da criação. Segundo Palazzo (1999, 50) o todo auto-organizado se origina, de modo espontâneo, a partir da instauração de uma nova ordem ao que antes se achava em estado de desorganização. A emergência, explica-nos o autor, é um processo que leva à auto-organização, exibindo "padrões e estruturas que surgem espontaneamente do comportamento das partes" (PALAZZO, 1999, p. 51).

Uma característica básica de um sistema auto-organizado é o meta-balanceamento, que se caracteriza pelo fato de que seus elementos, vistos individualmente, parecerem totalmente desordenados, entretanto, sob um ponto de vista global, o conjunto apresenta-se organizado e estável. E mesmo que os elementos que o formam sejam muito diferentes e variáveis, dessa desordem nasce uma ordem global, capaz de atribuir uma identidade ao todo. (PALAZZO, 1999)

O conceito de "emergência", aplicado inicialmente à fenomenologia biológica, também se aplica ao mundo social. Neste sentido, os autores explicam que

> os organismos participantes satisfazem suas ontogenias individuais principalmente por meio de seus acoplamentos mútuos, na rede de interações recíprocas que formam ao constituir as unidades de terceira ordem. (MATURANA E VARELA, 2001, p. 242)

Johnson (2003), analisando os componentes de um formigueiro, assume que a emergência de formas coerentes é dada através de processos auto-organizados, tornando-os mais inteligentes. Assim, mesmo que não haja um centro de comando, as formigas são capazes de se organizar, mostrando, como afirma Jonhson (2003, p. 23), que "inteligência, personalidade e aprendizado emergem de baixo para cima, bottom-up". (JOHNSON, 2003, p. 23)

Do exposto, podemos, portanto, concluir que a emergência:
- surge a partir do nível mais simples e baixo, chegando ao nível mais alto e sofisticado (JOHNSON, 2003);
  - define-se como um todo auto-organizado;
  - independe de um centro, uma voz de comando ou pré-orientação;
  - caracteriza-se pela incerteza;
  - depende de suas relações internas e externas.

O que foi acima apresentado não se aplica apenas ao plano biológico, mas também ao plano das ideias, que, conforme Morin

(1986), também existem enquanto realidades sistêmicas. Tais sistemas acham-se

> dotados de uma certa autonomia viva, embora sejam produzidos por nosso espírito e nossa cultura. Uma vez que sua autonomia (relativa) emerge, nossos espíritos e nossa cultura tornam-se os seus ecossistemas que os alimentam de substâncias cerebrais e culturais. (MORIN, 1986, p. 151)

Como podemos constatar, há pontos em comum entre a concepção de literatura da crítica pós-estruturalista e a Teoria da Complexidade, dentre os quais destacamos a intocabilidade da obra e sua existência enquanto espaço autônomo. No primeiro caso, a pluralidade do texto literário dialoga com a lei das probabilidades, que caracteriza a complexidade. Para Morin (2011), a realidade se concretiza não como certeza, mas como probabilidades. Do mesmo modo, o espaço literário se manifesta como possibilidades de leituras diversas, que emergem historicamente da relação entre o eu, o texto e o mundo.

No segundo caso, a autonomia do espaço literário dialoga, de certo modo, com os conceitos de emergência e organicidade que sustentam o pensamento complexo. A palavra "texto" deriva do latim tecere, que significa tecer, fazer tecido, trançar, entrelaçar. A Linguística Textual já nos demonstrou como esse processo é essencialmente relacional, bem como a importância e a singularidade do leitor nesse processo. No campo da Literatura, Robert Jauss (1979) pontua a importância da ação do leitor como coautor na construção do literário. Entretanto, os pós-estruturalistas não conseguem compreender a dinâmica dos ecossistemas em que o literário se torna possível, deixando de compreender também as suas consequências teóricas para os estudos literários.

É preciso compreender que, segundo a Teoria da

Complexidade, não há o eu fora do nós, do mesmo modo que não pode existir o "fora" (o espaço literário) sem que se incluam nele o eu e o mundo. Ao escrever, o artista é o "observador", o criador de realidades, e o que ele cria é resultado de relações diversas que incluem as suas experiências literárias e extraliterárias, incluindo a fisicalidade, os valores sociais, a cultura, a espiritualidade, enfim todas as dimensões do físico, do social e do humano, emergindo, desse diálogo, um espaço novo e autônomo, mas de modo algum separados entre si e dos demais sistemas.

Da perspectiva da Teoria da Complexidade, não existe a obra fora de um olhar observador (leitor/escritor), do mesmo modo que também não é possível retirá-la de um todo interacional que inclui holograficamente o passado, o presente e o futuro, bem como todos os sistemas e seus ecossistemas.

Este processo é, conforme Morin (2011), autoeco-organizador, de modo que não há distanciamento entre o sujeito e o objeto, do mesmo modo que não existe autonomia sem um determinado grau de dependência em relação ao meio. Essa dependência inclui o observador, esse "eu" que, na conformação da realidade, modifica o objeto, sendo ao mesmo tempo por ele modificado.

A obra literária, vista da perspectiva da Teoria da Complexidade, se realiza enquanto possibilidades, enquanto emergência resultante de interações entre elementos diversos num todo auto-organizado e relativamente autônomo. O processo de leitura reedita esse momento inicial, enquanto diferença, povoando de vozes e vida o que para Blanchot significa morte e silêncio. Para ele, a única coisa que o autor pode fazer é tentar escrever a obra, o que ele faz pacientemente, de linha para linha, de página para página, de livro para livro. Às vezes, engana-se pensando haver conseguido o seu intento, sem, contudo, jamais obter êxito.

Nos termos da complexidade, podemos pensar a literatura como um outro devir que não a morte, o passado, o silêncio. Um devir que também vem do "centro da obra", de um projeto caracterizado pelo "desejo de ser obra", mas que requisita a vida, o mundo, o tempo como paisagem do possível. Neste devir, não se questiona obsessivamente o centro, não se buscam o silêncio e a morte, mas a fala vigorosa e criadora que subsiste na linguagem e que conforma o mundo, ao mesmo tempo em que é por ele também conformado.

Do ponto de vista da complexidade, há uma obra que é inacabada e, como tal, de algum modo impossível, já que ela "se possibilita" enquanto realização estéticoepocal. O que salta para a vida, o desejo que a obra tem de se perenizar nas concretizações temporais e que também constitui o seu "centro", isso constitui a linha de concretizações da obra, numa historicidade que acumula leituras ao longo do tempo. Neste sentido, a obra não diz sobre o vácuo, a morte, mas sobre o futuro imortalizador. Desta perspectiva, a obra inacabada não é algo que angustia, mas que nos salva da angústia, e o faz na sua existência diacrônico-atualizadora. Temos não a crítica que mira o centro da esfera, mas a alegria da criação, do lúdico, das interações espontâneas e únicas, em sucessivas, surpreendentes e infinitas possibilidades de legitimação. Não a obsessão do dizer que remete ao não dizer, ao nada; mas sim, a alegria de dizer estas mesmas coisas com nuances diferenciadas; o desdobramento da obra em obra.

4.3- A obra possível e a conformação do mundo

Nesta linha de devir, lembrando Vico (1988), a poesia é possível e com tal força que dela nasce toda a humanidade. A linguagem da fantasia é, para Vico, o exercício da humanidade em seus estágios históricos e, em Princípios de uma ciência nova (1988), o pensador nos explica como, a partir da poesia, surgiu a sociedade. Para ele, os homens primevos, não se demonstrando capazes de formar os gêneros inteligíveis das coisas, criaram, por um processo metafórico, os caracteres poéticos, os "universais fantásticos" (VICO, 1988, p. 151), através dos quais procuraram entender os fenômenos naturais. E, tendo povoado o mundo de divindades, passaram então os homens primitivos desse primeiro estágio da história humana a condicionar o entendimento de todas as coisas aos auspícios divinos, vivendo sob a égide dos deuses, que os protegiam e lhes dirigiam a vida.

O primeiro evento de criação deu-se no confronto dos homens com as forças da natureza, mais especificamente as tempestades, quando, aterrorizados pelo medo de serem atingidos pelos raios, mediante um processo de temor e piedade, deu-se a passagem dos primeiros homens de um estado de dispersão à unidade, dando início a um processo que acarretaria o surgimento e o desenvolvimento de todas as formas de conhecimento que fundam a sociedade.

Neste primeiro momento, a poesia é fundadora não apenas da linguagem e do conhecimento, mas da própria humanidade do homem. É preciso lembrar que a poesia nasceu não da fala, mas inicialmente através de urros e murmúrios, em que os gentios explicitavam, ante o terror que lhes inspirava o céu a se abrir em trovões e relâmpagos, suas violentíssimas paixões, algo que os amedrontava não apenas por não compreender, mas também por não conseguir controlar.

Assim, a arte de fantasiar, de criar formas inteligíveis para as coisas, constituía-se para tais homens em ato de tão assombrosa descoberta, que os próprios gentios se curvaram ante a sua criação. O primeiro corpo animado foi o céu, a que denominaram Júpiter, o "ótimo", porque fortíssimo, e que compreendiam como sendo uma forma de vida e poder muito superior aos seres humanos; o "máximo", porque era uma forma de vida da dimensão do próprio céu; o *"sóter"*, o salvador, porque, apesar de seu imenso poder, não os fulminou com os seus raios; e, finalmente, o *"stator"*, porque fez pararem em famílias os primeiros homens no seu selvagem divagar (VICO, 1988, p. 184), já que o terror que sentiam face às tempestades os impedia de continuarem nômades.

Estavam criados, a primeira palavra, a primeira poesia, a primeira metáfora, a primeira divindade e o primeiro homem. Cada metáfora constituía-se numa fabulazinha minúscula, sendo que a primeira foi a de Júpiter, "a maior de quantas construíram depois" (VICO, 1988, p. 183). E, segundo o pensador, "foi uma fábula tão popular, perturbante e ilustrativa que eles próprios, que a forjaram, nela creram, mediante terríficas religiões." (VICO, 1988, p. 183)

Criada a divindade maior, misto de terror e bondade, puseram-se, então, a interpretar a sua linguagem, que se manifestava através dos fenômenos naturais. Estes homens rudes, acordados no seu destino de homens, ainda com a mente embotada, teriam se especializado na ciência dessa linguagem, chamada "musa" ou adivinhação, a que os gregos denominaram depois "teologia", ou "ciência da fala dos deuses". (VICO, 1988, p. 184).

Este evento foi tão singular que, a partir dele, surgiram também as primeiras famílias (o matrimônio), os primeiros domínios (demarcados pelas sepulturas dos antepassados, radicados, pelo temor, num espaço geográfico) e a primeira linguagem, entendida como exercício da humanidade. É preciso lembrar que os homens da gentilidade se comunicavam numa linguagem pouquíssimo articulada, predominantemente marcada por gestos e usos de figuras (hieróglifos). Nesta confusão de sons e gestos, nascia a palavra no seu estágio primitivo, em sua função nomeadora, essencialmente poética e criadora. O exercício da linguagem desenvolvia o aparelho fonador e a psique humana.

A linguagem poética foi a primeira forma de sabedoria da gentilidade, iniciada numa "metafísica sentida e imaginada" pelos homens primevos, que, ainda sem poder fazer uso do raciocínio, eram dotados tão somente de "robustos sentidos e vigorosíssimas fantasias." (VICO, 1988, p. 181)

Conforme afirma Vico, quanto mais forte a fantasia, tanto mais débil é o raciocínio, pois os "homens primeiramente sentem sem se aperceberem, a seguir apercebem-se com o espírito perturbado e comovido, e, finalmente, refletem com mente pura" (VICO, 1988, p. 152). Neste contexto a poesia firma-se como uma necessidade natural do homem e se define como sendo a primeira operação da inteligência humana, configurando, nestes termos, uma linguagem criadora e universal. Posterior ao sentido, mas anterior ao raciocínio, a poesia, tendo nascido com a mitologia, se define como a primeira língua da mitologia, comum a todas as gentes e cujo sublime ofício consiste em "conferir sentido e paixão às coisas insensatas." (VICO, 1988, p. 147)

Do mesmo modo, o exercício poético modificava a realidade, pois as informações que o "sacerdote", por suas interlocuções com as divindades, "recebia" das divindades não eram manifestações dos desejos de Júpiter, mas produtos intelectuais surgidos de relações diversas para a resolução de problemas enfrentados no cotidiano pelos gentios, ligados aos rudimentos da agricultura e à manutenção da vida.

Assim, havia uma intensa relação entre linguagem e realidade, uma se fazendo e se refazendo na outra, numa interação em que não se pode separar o eu do sacerdote (o observador), da linguagem e do mundo criado (da realidade). E, nesta sociedade primitiva, registra Vico (1988), no grande templo formado pela natureza, durante longos séculos os deuses se fizeram presentes e reinaram sobre os homens. Viveu essa primeira forma de sociedade humana sob um governo político-teocrático, cujo chefe, uma espécie de rei- sacerdote, era segundo acreditavam depositário da voz divina, a lei dos gentios. Estabeleceu- se, portanto, entre os primeiros homens o direito divino, que, vivificado pelo regente, em cujas mãos os deuses colocam as suas vontades, não era questionado, discutido, ponderado, mas unicamente obedecido tanto pelos sacerdotes quanto pelos demais membros das famílias.

O rei-sacerdote, tido como um homem superior, pleno de intuição do poeta e do profeta, era, portanto, como mediador dos deuses, um semiólogo a interpretar as leis da vida na multiplicação dos signos, dos oráculos, dos sonhos e de tudo o que pudesse sugerir algum significado. A Idade Divina dos primeiros homens marcou, pois, um tempo mágico e místico, que é na verdade o mundo da poesia como ela se apresentou na gentilidade.

O rei-sacerdote era um poeta porque falava por metáforas, transformando em fantasia o mundo real. Era ao mesmo tempo "teólogo" (e por isso homem-deus) porque efetivava a comunicação entre os homens e os deuses (universais fantásticos), e foi assim que, utilizando o conhecimento poético, o homem, fazendo de si a regra do universo, passou a classificar as coisas a partir de sua própria experiência.

Assim, a poesia foi a primeira linguagem, a primeira religião, a primeira sabedoria. Como podemos perceber, a poesia começou por ser divina (VICO, 1988, p. 181), através da criação da divindade maior, Júpiter, apontando o caminho para o conhecimento das coisas humanas, tendo o homem a elas chegado na idade madura por via do raciocínio. A sabedoria deve ensinar as coisas mais altas (as coisas divinas) num primeiro estágio e conduzir o homem às coisas melhores, as que concernem ao bem de todo o gênero humano (VICO, 1988, p. 174). O caminho da humanidade vai, pois, de Deus ao homem, da sabedoria poética à filosofia racional.

E, como todos os tropos (basicamente a metáfora, a metonímia, a sinédoque e a ironia) hoje vistos como relíquias estilísticas teriam sido para aqueles gentios "necessaríssimos modos de expressaram-se", guardando, em sua origem, "toda a sua nativa propriedade", constituiu-se a poesia também na primeira história dos homens, a história como eles poderiam entendê-la naquela época. Esta linguagem mágica era a única de que os gentios dispunham para explicar a realidade e os fatos circundantes. Em função disso, a poesia em estágios ancestrais de uma sociedade, não deve ser vista como mentira, mas como, mais do que representação, argamassa que nomeia e funda a realidade. Isto posto, as primeiras fábulas não podiam dizer nada de falso, devendo ser vistas como narrativas verdadeiras, portadoras de verdades civis, descrevendo na linguagem mítica fatos reais da gentilidade.

O segundo estágio da humanidade, a Idade Heroica, tem início com a rebelião dos gentios contra o direito divino. Enquanto na primeira idade observa-se uma cega submissão dos servos e inclusive dos senhores aos deuses, na Idade Heroica a violência volta a tomar o lugar da contemplação e da piedade, e o medo acaba aos poucos cedendo espaço à astúcia, à esperteza. A idade heroica é também poética, mas não tão elevada e grandiosa. Agora, o homem, menos ingênuo, mais astuto e principalmente mais rebelde, necessita de um elo (que não o temor e a piedade cega) mais convincente que o permaneça unido aos demais. O céu já não lhe parece mais estar sobre as árvores, mas sobre os picos, e os auspícios (direito divino) são substituídos pelo direito da força.

Os homens continuavam a acreditar nos deuses, mas não mais se submetiam a eles cegamente. Os homens-deuses (os primeiros homens) são substituídos pelos heróis, filhos dos deuses, e tidos por isso como semideuses. A forma de comunicação com as divindades já não ocorre mais pelos auspícios, mas por meio de rituais, segundo fórmulas que, acreditavam, por si só interpelavam os deuses (orações, festejos e sacrifícios). Temos agora um povo que troca o cenário da natureza pelas primeiras cidades e cuja cultura se sustenta numa vocação militar.

Os primeiros impérios civis originaram-se da união dos senhores superiores (reis- sacerdotes) contra os fâmulos nas primeiras turbulências agrárias. Os fâmulos eram homens que, abandonando a vida nômade, pediam proteção às primeiras famílias e ali passavam a viver sob as leis divinas interpretadas pelo chefe de família, sem quaisquer direitos sobre a terra. Aos poucos, estes fâmulos passaram a reivindicar também para si o direito natural ao domínio, provocando uma segunda crise histórica, que fez surgir uma nova fase na história humana. Diante destas primeiras desavenças, que marcaram o final da Idade Divina, os homens superiores (os Hércules, os filhos dos deuses) se uniram sob o comando de alguns líderes e formaram as primeiras cidades e foram seus primeiros reis, oficializando a primeira divisão de classe social com a instituição da aristocracia. Estes soberanos instituíram então uma lei agrária (a primeira de todas as leis civis do mundo), em que os reis concediam a si o domínio civil (das cidades), já que eles foram os cidadãos das primeiras cidades (cidades heroicas), as "repúblicas hercúleas" (VICO, 1988, p. 176-179; 189) e aos fâmulos, o domínio rural, mediante pagamento aos senhores da terra de uma taxa anual denominada "dízimo".

Aos senhores, como aos reis-sacerdotes, atendendo à necessidade e à utilidade, coube- lhes instituir a ordem em seus reinados, o que fizeram mediante o uso da palavra. Retomando a linguagem poética, recriaram o mundo pela memória e pela fantasia e instauraram, sob a lei da força, o direito cavalheiresco, o direito da força, contexto em que os direitos divinos passam a ser na verdade os desejos dos senhores.

Neste sentido é que na Idade Heroica culto e arte se confundem. Não se verificam ainda os sistemas contratuais, não há ainda mediação jurídica. As cidades se organizavam sob uma lei existente ainda para além do bem e do mal (para além da moral). Neste estágio, acelera-se a articulação da linguagem, surgindo as frases e as narrativas, entretanto a linguagem articulada convive ainda com a linguagem gestual e com os hieróglifos.

Depois dos governos heroicos vieram os governos humanos, alternando-se na forma de monarquia e governos populares e inaugurando a Idade civil, idade em que a inteligência poética cede espaço ao raciocínio, e os universais fantásticos, aos universais lógicos (conceitos, logos). Depois das fases da divindade e da força, os homens passam a viver a racionalidade, que é apontada por Vico como sendo a verdadeira natureza humana.

Vive-se agora o tempo da moral, da convenção, da linguagem numérica, da divulgação da palavra e da lei. Trata-se de uma fase em que toda a experiência humana acha-se regulada pela intelectualização (inclusive a literatura), e a humanidade tenta dominar a si própria. Esta fase é marcada ainda pelo reconhecimento da igualdade de todos na luta pela participação civil nas repúblicas populares. É uma época humana, moderada e razoável. A razão, a lei e o dever são elementos que impedem as guerras de todos contra todos.

Mas não há continuidade nesta fase e nem tampouco progressividade a partir daí. Não pode haver na História progresso ou redenção. Atingida a maturidade, cumpriu-se o desenvolvimento do espírito humano e todo o ciclo histórico se reinicia, qualitativamente.

Passados milênios do primeiro evento criador, a linguagem limitada dos primeiros homens se multiplicou, se proliferou em inúmeras derivações tanto de significantes quanto de significados, mas ela continua sendo fundadora da realidade.

É preciso considerar que, na teoria da Complexidade, a realidade é concebida como algo subjetivo, ou seja, não dissociada da relação entre o eu e o mundo. Assim, não há uma realidade fora do eu, do mesmo modo que não há realidades absolutas, mas emergenciais, subjetivas e transitórias.

Não há a realidade em si da mesma forma que também não existe a obra em si. Do mesmo modo, num mundo relacional a literatura não é mais ou menos importante do que qualquer outra coisa que exista e, portanto, não podemos também ignorar a sua importância, como sistema entre sistemas, na conformação do mundo. Isso devolve à literatura um papel social que lhe foi negado no Estruturalismo e na estética da arte pela arte. É preciso lembrar que há um devir tanto em relação ao mundo (e do qual a literatura participa) quanto em relação à literatura, um modificando o outro, de modo que podemos aceitar a autonomia da literatura, mas uma autonomia relativa, como ademais tudo o que existe, inclusive o sujeito, essencialmente complexo, sempre transitório, emergencial e jamais separado do todo. A recursividade que marca todos os eventos na Teoria da Complexidade devolve à literatura (e às artes em geral) a importância que exerce na conformação da realidade.

Essa é uma lição que a História da gentilidade nos mostra e que o paradigma da complexidade nos ensina: não há nada que possa ser menosprezado na conformação da realidade, principalmente os artigos culturais e artísticos com a literatura. O princípio da recursividade que atua na relação entre duas pessoas é o mesmo que atua na conformação da leitura, lembrando que não apenas o texto é "lido", mas o leitor é ali, no ato, também "formatado". E quando estamos falando do leitor, não estamos falando apenas de uma entidade que lê, mas de uma pessoa, que, no ato da leitura, se forma como indivíduo, como cidadão, como ser humano. Sob o princípio da emergência, jamais se sabe, de antemão, que leitor ou que leitura advirão da relação entre um leitor e um texto literário, do mesmo modo que não há como se ter ideia da realidade que tal relação pode fundar.

Essa perspectiva da recursividade texto/leitor abre uma brecha para compreendermos melhor a importância da leitura na vida das pessoas, assim como também para estudarmos novas formas de abordagens do literário em contextos de formação de leitor.

4.4- Recursividade e legitimação literária

O processo de legitimação da obra literária é essencialmente marcado pela recursividade e pela emergência e se concretiza em dois movimentos, "um que ocorre de leitor para leitor e outro, de época para época" (MAGALHÃES, 1992, p. 148). No primeiro, no ato da leitura, o leitor dá um sentido ao que antes estava em aberto. Neste movimento, a obra gira sobre si mesma e permite que, num mesmo espaço e numa mesma época, indivíduos diferentes possam legitimar de maneiras variadas um mesmo projeto estético. Temos, pois, o movimento rotativo da obra (MAGALHÃES, 1992), que se caracteriza pela ideia da atualização do caminho percorrido pelo escritor no ato da escritura-leitura (nem sempre o mesmo, nem sempre único), pelo debruçar do leitor sobre a obra, quando a obra se reedita a si mesma enquanto diferença. É quando, num mostrar-se sincrônica e esfericamente, a obra, em interações com elementos de macrossistemas diversos, se fecha sobre si mesmo pela ação da leitura e se atualiza enquanto significado subjetivo, transitório.

Lançando mão de um recurso metafórico, podemos comparar o projeto literário, numa imagem surrealista, a uma bola de cristal, que, ao girar, se nos mostra de cores diversas a cada movimento. Cores que são, em si, emergenciais, ou seja, que resultam de relações diversas, cores que os nossos olhos (os olhos do observador) nos permitem observar. Essa bola de cristal, metaforizada, se realiza em várias órbitas rotativas, "leito comum" que torna a obra reconhecível em qualquer circunstância ledora, como sendo a mesma e única obra. É preciso lembrar que o próprio conceito de estrutura é subjetivo e emergencial e que o único elemento inalterável de uma leitura para outra é o significante.

Nesse movimento, tanto o texto quanto o leitor se acham em construção, motivo pelo qual não podemos afirmar onde termina um e onde começa o outro. Aliás, todos os sistemas, bem como todos os elementos que entram no processo, acham-se em reconstrução, num processo de feedback contínuo (recursividade holográfica).

No segundo movimento, translativo (MAGALHÃES, 1992), a obra é vista diacronicamente, se deslocando no tempo, dialogando com padrões estéticos diversos. É preciso considerar que o projeto literário guarda inimagináveis possibilidades de leituras, a se concretizarem no tempo, diacronicamente. A legitimação, neste caso, observada como a sucessividade temporal de leituras de uma obra, explora ao máximo possível a ambiguidade do projeto, testando a sua capacidade de se atualizar temporalmente.

Esse movimento, explica-nos Magalhães (1992 e 1992a), propicia a emergência de uma história particular para cada obra, o que é determinado pela sucessividade dos desempenhos estéticos de um projeto estético ao longo do tempo. Esse projeto, antes mesmo de se constituir enquanto artefato, acha-se dotado de uma tensão máxima entre leitura e escritura, de cuja tensão o artefato, o significante, seria a reminiscência. O projeto é o "fato gerador", o "primeiro impulso", caracterizado pela "leitura-escritura em sua tensão máxima, resultando na criação do artefato, que nada mais é do que a sua remanescência." (MAGALHÃES, 1992). Este evento fundador corresponderia ao que Derrida (1971) denomina "energia inexausta", com a diferença de que, na concepção deste teórico, tal energia se manifesta somente enquanto discurso e não como estrutura. Já para Magalhães (1992), esse polo energético é fato gerador da estrutura, do artefato, das leituras e da própria historicidade particular da obra, "linha" que marca a sucessividade da presença da obra no decorrer do tempo.

Como todos esses processos são complexos e ocorrem em relações holográficas, ler significa inserir-se, como observador dentro de um sistema do qual já é parte, e efetivar, criativamente, as relações possíveis e das quais emergirá a nova leitura. Não podemos imaginar obviamente uma única direção para que esta leitura se efetive, já que ela "emerge" de insuspeitadas relações (incluindo o acaso) propiciadas pela percepção do leitor, o observador que tanto produz quanto é produzido pelo texto. Magalhães (2012), ao analisar a relação entre o Poema Processo e a Teoria da Complexidade, inclui o leitor como elemento semiótico do mesmo, afirmando que não existe mais hierarquia entre texto e leitor, assim como também a distinção dentro/fora, o que tem consequências não apenas para a compreensão do processo de significação do texto poético, mas para a própria concepção do literário em si. O que temos é uma realidade complexa em que nenhum dos elementos envolvidos se afirma mais importante do que outro.

Do mesmo modo, considerado o princípio recursivo que existe em todos os processos complexos, a leitura tanto modifica o passado quanto cria o futuro, uma vez que modifica o modo de ver as obras do passado e influencia as do futuro. Assim é que toda obra resgata a literatura passada e se presentifica em maior ou menor grau no futuro, permitindo-nos construir a sua historicidade particular, a sua linha de "presença" no decorrer do tempo.

A obra, tanto na condição de projeto, desejo estético, anterior à sua concretização enquanto artefato, quanto na condição de devir, permanece como promessa de realização, mas não há, a rigor, identidade entre os dois termos. O projeto e o devir são caracterizados pelo inesperado, pelo novo e são também emergenciais, com a diferença de que o projeto é ao mesmo tempo uma mesma situação inicial adâmica, ao passo que o devir só existe fora dessa circunstância inicial, isto é, como (des)velamento do projeto inicial.

O projeto, observado neste sentido, firma-se ao mesmo tempo como uma interrogação e uma exigência em relação à leitura, à legitimação, enquanto o devir é sempre uma reticência da legitimação, é sempre mais uma leitura, a que poderia ter sido e não foi, mas que possivelmente será. O projeto é um apelo de existência, ao mesmo tempo em que é já existente, enquanto que o devir realiza, no campo da possibilidade, a perspectiva metafísica dessa existência. O primeiro é germe, embrião, origem; o segundo, permanência, desvelamento. O devir, tanto numa perspectiva quanto na outra, dá-nos o horizonte de concretização da energia estética de um projeto literário, a comprovação absoluta de sua legitimidade, mas também a certeza do inacabado, uma irrealização que, em proporções mais amplas, se dilui para todas as demais posturas que se possam assumir ante a literatura.

É claro que esta visão diacrônica da obra poética, tal como a concebemos, só é aceitável se admitirmos o fato de que tanto o passado quanto o futuro apresentam-se como instâncias diferenciadas de avaliação do fazer literário. Embora na leitura fruidora passado e futuro se diluam no infinitamente presente que é a emergência da leitura (basicamente sincrônica), não podem, de modo algum, ser minimizados no resgate diacrônico dos valores literários de um texto. Tanto o passado quanto o futuro nos apresentam uma série de concepções estéticas diferentes cristalizadas nos estilos epocais. Tais concepções contêm em si os valores literários que, nascidos da própria produção poética, regulam e determinam a produção e a avaliação da obra literária no tempo e no espaço.

O devir desloca a obra de sua origem (porque assim ela o deseja), da época em que foi criada, e a coloca no destino translativo a que se reserva enquanto arte que dialoga com o passado e o futuro. Assim, há uma historicidade da obra literária, denominada por Magalhães (1992, p. 145- 147) como historicidade individual ou particular, e que é constatável pela sucessividade dos valores que lhe são atribuídos pelos leitores no tempo e no espaço. Essa história permanece inacabada, pois, mesmo supondo que consideremos todos os valores possíveis passados de uma obra literária, herdados pela tradição, estaremos desconsiderando todo o futuro. Escrita a obra, o seu processo axiológico se estende ao infinito.

É sobre o futuro que o projeto agirá e é pelo futuro, pelos leitores do futuro, que ele será avaliado. Ignorar o futuro ou ainda igualá-lo ao passado e reduzir ao presente toda a historicidade da obra parece-nos convir à análise sincrônica do texto literário, mas está longe de satisfazer às necessidades de uma análise diacrônica dos valores da obra, na perspectiva dos seus desempenhos estético-temporais.

Cada leitura é a emergência de interações de elementos de diversos sistemas, mas também uma resposta ao projeto, viabilizando a sua presença no tempo, de uma forma única e particular. Esta temporalidade apresenta-se como condição essencial à obra possível (a sucessividade de concretizações do projeto), ou seja, à atualização do projeto em obra, o que ocorre epocalmente, isto é, conforme os valores estéticos apresentados por uma época. É enquanto texto social, texto temporal, histórico, que a obra se possibilita, legitimando-se a si e ao mundo.

4.5- Considerações finais

Pelo que pudemos constatar das reflexões acima, a Teoria da Complexidade contribui para a compreensão da obra como algo autônomo e inacabado à medida que sugere a sua devolução à rede de relações que a caracteriza.

Ao inspirar-nos a concepção da arte literária indissociável de uma subjetividade, a Complexidade nos leva a ver a obra como representação de uma vontade estética que se manifesta como emergência e que, enquanto tal, surge de intrincadas relações entre elementos de sistemas diversos. Ao mesmo tempo, sob a perspectiva da complexidade, a obra literária afirma-se como não representação, na medida em que nunca se esgota, em que não apresenta um sentido absoluto, na medida em que diz e desdiz o mundo.

Neste sentido, a obra pode ser vista ao mesmo tempo como presença e ausência, como sistema e como estrutura, como significante e significado, sendo que o único aspecto que permanece inalterado é o significante, esse modelo único que suporta tantas estruturas quanto os leitores que se proponham a "ler" a obra.

Por ser de natureza essencialmente relacional, a literatura apresenta uma autonomia relativa em relação a outros sistemas que cruzam, entrecruzam, atravessam e formam o eu que lê, o "observador", que, assim como a obra, é produtor e produto ao mesmo tempo.

Como participa, sob a ótica do observador, na formatação da realidade, como qualquer outro elemento (cultural ou não), o paradigma da Complexidade devolve à literatura seu papel social e chama a nossa atenção para a necessidade de se rever a sua importância na sociedade, sobretudo na formação de leitores/ cidadãos.

4.6- Referências

BARTHES, Roland. *O prazer do texto*. Trad. Maria Margarida Barahona. São Paulo: Edições 70, 1983.--------. -------*O rumor da língua*. Trad. Mário Laranjeira. São Paulo, Brasiliense: 1988.

. *Crítica e verdade*. Trad. Leyla Perrone-Moisés. São Paulo: Perspectiva, 2007. BLANCHOT, Maurice. *O espaço literário*. Trad. Álvaro Cabral. Rio de Janeiro, Rocco, 1987. DERRIDA, Jacques. *A escritura e a diferença*. Trad. Maria Beatriz Marques Nizza da Silva. São Paulo, Perspectiva, 1971.

. *Donner la mort*. Paris: Galilée, 1999.

DUFRENNE, *Estética e filosofia*. Trad. Roberto Figurelli. São Paulo: Perspectiva, 1972 ECO, Umberto. *A estrutura ausente*.Trad. Pérola de Carvalho. São Paulo: Perspectiva, 1987.

FRIEDRICH, Hugo. *Estrutura da lírica moderna*. Trad. Marisa M. Curioni. São Paulo: Duas cidades, 1978.

JAUSS, Hans Robert & Outros. *A literatura e o leitor*. Trad. Luiz Costa Lima. Rio de Janeiro, Paz e Terra, 1979..

KRISTEVA, Julia. *Introdução à semanálise*. Trad. Lúcia Helena França. São Paulo, Perspectiva, 1974.

MAGALHÃES, Hilda. *Os princípios da crítica dinâmica*. 2. e. Rio de Janeiro: Presença, 1992.

. *Teoria da historicidade particular da obra literária em As primaveras, de Casimiro de Abreu*. Tese de Doutorado. 385 f. UFRJ/Faculdade de Letras, Rio de Janeiro, 1992a.

. Teoria da Complexidade: diálogos possíveis. 2013. I SILLETO. *Anais do I SILLETO*. UFT/Campus de Araguaína. Araguaína, 2013. Disponível em: http://isilletouft.webnode.com/(em construção).

. Poema Processo e complexidade. *Revista do Gelne*. 2012. Natal, v.14, Número Especial, p. 319-331.

MATURANA E VARELA. *A Árvore do conhecimento*: as bases biológicas da compreensão humana. Trad. Humberto Mariotti e Lia Diskin. São Paulo, Pala Athenas, 2001.

MORIN, Edgar. *Para sair do século XX*. Trad. Vera de Azambuja Harvey. Rio de Janeiro: Nova Fronteira, 1986.

. *Introdução ao pensamento complexo*. Trad. Eliane Lisboa. 4.e. Porto Alegre: Sulina, 2011.

VICO, Giambattista. *Princípios de uma ciência nova*. Trad. Antonio Lázaro de Almeida. São Paulo, Nova Cultural, 1988.

À GUISA DE (IN)CONCLUSÃO

Se você chegou ao final da leitura deste volume, percebeu que se tratam de textos mais ou menos esparsos em que tentei lançar algumas luzes sobre a relação entre literatura e Teoria da Complexidade. Foi possível colocar em destaque a necessidade de se conceber o texto literário como um sistema que se legitima em sistemas menores (subsistemas) e maiores (ecossistemas). Percebemos como esses sistemas se realizam em conjunto, holograficamente, envolvendo passado, presente e futuro, possibilitando-nos verificar a obra sincrônica e diacronicamente, numa historicidade própria a cada uma delas.

Como o leitor deve ter observado, priorizamos nestes artigos a discussão sobre a identidade e o processo de legitimação do texto literário, focando sobretudo a definição de sistema complexo, entretanto ainda há muito o que se discutir sobre o assunto a partir do conceito de Complexidade.

Muito pouco também se tem discutido, do ponto de vista do novo paradigma, sobre a identidade do leitor, bem como sobre o que sejam o gosto e a fruição literária, aspectos que passaram ao largo neste volume, mas que precisam ser pesquisados com profundidade.

Por fim, ainda temos um longo trajeto a percorrer para entendermos como tratar, didaticamente e do ponto de vista da teoria da complexidade, a literatura em contextos de formação de leitores, de modo a formar verdadeiros leitores de literatura.

Ainda que insipientes, espero que as reflexões aqui apresentadas sejam úteis para fomentar discussões futuras sobre a relação entre a literatura e a Teoria da Complexidade.

∞∞∞

ABOUT THE AUTHOR

Hilda Magalhães

SOBRE A AUTORA

Hilda Gomes Dutra Magalhães nasceu em Silvânia/GO e fez o curso de Letras na UFG, com Mestrado em Teoria a Literatura na mesma Instituição, Doutorado em Ciência da Literatura na UFRJ e Pós-Doutorado na Universidade de Paris (Sorbonne Nouvelle) e EHESS/França. Atuou como professora na UFMT e UFT.
LIVROS IMPRESSOS
Estranhos na noite. Goiânia: Gráfica e Editora São Paulo, 1988. (Prêmio Hugo de Carvalho Ramos, 1986). 2ª ed. Amazon, 2024.
Os princípios da Crítica Dinâmica. Goiânia: Cerne, 1990. (Prêmio José Décio Filho, 1989). 2ª. ed. Rio de Janeiro: Presença, 1990.
Herança. Goiânia: Cerne, 1992. (Prêmio Hugo de Carvalho Ramos, 1990). 2ª. ed. EDUFMT, 1994.
Valeur e historicité particulière de l'oevre littéraire. Paris: Gutenberg XXI, 2000.
O último verão em Paris. Paris: Reprográphica, 2000.
História da Literatura de Mato Grosso: Século XX. Cuiabá: Unicen Publicações, 2001. (Coleção Tibanaré)
Textos de autores mato-grossenses: Século XX. Cuiabá: EdUFMT, 2002.
Relações de poder na literatura da Amazônia Legal. Cuiabá: EdUFMT, 2002.
Literatura e poder em Mato Grosso. Brasília: Ministério da Integração Nacional/Universidade Federal de Mato Grosso, 2002. (Coleção Centro-Oeste de Estudos e Pesquisas)

Pedagogia do êxito. Petrópolis: Vozes, 2004.
Corina. Goiânia: Kelps, 2007.
Leitura de textos de autores tocantinenses. Goiânia: Kelps, 2008.

LIVROS PUBLICADOS ONLINE:

Por uma história/historicidade da obra literária: fundamentos teóricos. Palmas: Edições do Autor, 2024. Edição Kindle.
História e historicidade da obra literária. Palmas: Edições do Autor, 2024. Edição Kindle.
Imaginário xavante e bororo: mito e realidade. Palmas: Edições do Autor, 2024. Edição Kindle.
Historicidade e valor literário. Palmas: Edições do Autor, 2024. Edição Kindle.
A realização estético-diacrônica da obra literária. Palmas: Edições do Autor, 2024. Edição Kindle.
Contos para passar o tempo. Palmas: Edições do Autor, 2024. Edição Kindle.
Literatura e Teoria da Complexidade. Palmas: Edições do Autor, 2024. Edição Kindle.

FORTUNA CRÍTICA SOBRE SUA OBRA

PREFÁCIO À PRIMEIRA EDIÇÃO DE ESTRANHOS NA NOITE

A PLENITUDE DA PALAVRA
José Fernandes

Os grandes escritores, com raras exceções, percorrem fases diversas na trajetória artística. Mesmo um gênio, como Machado de Assis, empreendeu uma longa caminhada até criar obras-primas, como Memórias póstumas de Brás Cubas, Dom Casmurro, "Missa do Galo" ou "A cartomante". Se perfez um trajeto ascendente também desceu a ladeira da existência e da arte, uma vez eu seus romances da velhice, não obstante serem narrativas de mestre, não possuem o mesmo fôlego daqueles produzidos na década de 90, isso sem falar das suas aventuras pela poesia e pelo teatro. Nascer maduro pressupõe genialidade e muito estudo. Somente a junção do inato com o conquistado proporciona uma montagem perfeita dos componentes narrativos, construindo uma obra de mestre, mesmo sendo iniciante e não possuindo experiência ou madurez.

Estranhos na noite é um romance que apresenta caracteres estruturais, linguísticos e diegéticos que nos possibilitam afirmar que sua jovem autora, Hilda Gomes Dutra Magalhães, nasceu madura. Nem mesmo Sartre, nos magistrais Sursis e com a morte na alma, conseguiu uma decupagem tão perfeita dos componentes narrativos quanto a impressa em Estranhos na noite por Hilda Gomes. A supressão da lógica e da consequente instalação da descontinuidade dos fatos permitem que os acontecimentos narrados adquiram coerência unicamente dentro do simultaneísmo cubista e da lógica surrealista. É evidente que também essa técnica não existe per se. A ela se alia a destemporalização de que falara Breton no "Manifesto do surrealismo", de 1924[3], responsável pelo ir-e-vir dos eventos na narrativa, quer sejam eles reais, vividos pela personagem-narrador em estado de vigília, quer sejam oníricos. Os limites entre o maravilhoso-onírico e o real em Estranhos na noite praticamente inexistem. Basta verificar o episódio em que Anita e Helena se fundem, como se fosse tomada cinemática, uma em fade-in, outra em fade-out.

Se a supressão do tempo faculta o devaneio e o circunvagar do narrador-personagem pelas margens da histsória, deve-se acrescentar que, de certa forma, esse procedimento não seria possível se não estivesse atrelado à técnica da narrativa na primeira pessoa, utilizada com rara felicidade pela jovem vencedora da Bolsa de Publicações Hugo de Carvalho Ramos. Ela realiza o monólogo de que fala Breton no "Manifesto do surrealismo", ou seja, uma forma de "influência tão rápida quanto possível, sobre a qual o espírito crítico do indivíduo não faz incidir qualquer juízo que não embaraça, portanto, em quaisquer reticências, e que é tão exatamente quanto possível o pensamento falado", colocado, no caos, dentro da lógica da bricolagem.

Se não bastasse a magistral estruturação do romance peculiar a ficcionista e experiente e senhor das palavras e das técnicas, Hilda apresenta raramente a ciência do verbo. Não uma ciência qualquer, própria de quem brinca com as palavras, mas a ciência exata de quem conhece por dentro e por fora o ato da escrita, de quem briga com as palavras para que elas revelem o mais profundo, o interior, o nó da essência da personagem-narrador. Ante essa compreensão dos mistérios da diégese, a palavra se torna, para ela e para o narrador-personagem, o tudo e o nada do ser e da arte. O tudo, na medida em que se transforma na alma, na essência, no quid que anima o ser e a arte e os leva a transcenderem as próprias limitações. O nada, na medida em que cada palavra, sendo pneuma, sopro, e, portanto, alma e essência, encerra uma espécie de definhamento do ser-matéria, do ser-força que se transmuda em palavra. Assim entendida, a escrita se converte em transfiguração e em ato agônico, porque, aos transpor para o papel-babel o ser enquanto ser, sub specie berbum, sua em borbotões a própria essência. Por isso, as linhas parecem engoli-lo, parecem nulificá-lo. Para o narrador de Estranhos na noite, escrever é morrer aos poucos e renascer na plenitude do logos, mesmo padecendo dores atrozes.

Essa consciência do fazer literário se manifesta, inclusive, na humilde postura de se parecer narrando desordenadamente, como confessava Riobaldo em Grande sertão: veredas, e sem gênero, como se uma existência agônica pudesse se submeter à linearidade das obras superficiais e a regras prefixadas. Narrar o ir-e-vir do ser na existência de forma fragmentária parece "más devassas no contar", Entanto, "Contar seguido, alinhavado, só mesmo sendo as coisas de rasa importância". Ora, como o narrador-personagem de Hilda narra a profundidade da existência, coloca tudo desorganizado no papel, a babel de linhas e nulidades que o corrompem e fascinam. Narrar – interpretar a profundidade da existência esfacelada é contar o sucedido seccionado, desalinhavado, desgovernado, em ir-e-vir, porque a essência perdida so é encontrada, quando o é, após muitos ir, voltar, parar, cair, levantar no espaço-tempo do ser no mundo.

Não se pode deixar de registrar ainda, nestas rápidas pinceladas, a poeticidade que se desprende da amarga pena da personagem-narrador. São frases-versos impregnados, não de um colorido poético qualquer, metáforas desgastadas, mas de imagens que fazem inveja aos melhores surrealistas. Assim, em uma das inúmeras passagens metalingüísticas, a luta com as palavras é exposta com tamanho teor imagético e com inusitada plasticidade que parece estarmos ante os monstros de Bosch, de Arcimboldi ou de Pieter Bruegel, Heirich Hessen ou, ainda de]salvador Dali:

As palavras... As palavras haviam escorregado, escorregado, até caírem da margem direita, irremediavelmente perdidas. Estendo as mãos, consigo pegar algumas que ainda não haviam despencado no abismo. Sinto sede. Preciso engolir as palavras.

Os objetos-sentimentos se fundem e compõem imagens em que as essências se transmigram, e o resultado é um efeito cinemático-literário singular em que o poético, no mais restrito sentido da palavra, se instaura, revelando, assim, a verdade do ser:

Visto uma blusa de frio para não tremer de solidão. Gostaria de ver o arco-íris mas não chove. O tempo continua seco como eu mesmo. Se pudesse escolher, teria nascidono nordeste. Aqui, é julho-inverno-verão.

Mesmo a desgraça e a miséria humanas de um ser alienado, desumanizado, se torna poética na narrativa de Hilda Gomes. Poética porque o desumano é mostrado através das lentes das palavras, essencializadas pelo destilador das imagens. Entanto, o poético, neste caso, em vez de transbordar em lirismo, transborda em monstruosa tragédia, que é o homem desessencializado. Todavia, na sequência da narraiva, não se sabe quem é mais desumanizado, se o bobo ou se o narrador-personagem. Na fusão das imagens, não se pode dizer quando se procede o fade-in ou o fade-out.

Percebe-se, deste modo, que a vencedora da Bolsa de Publicações Hugo de Carvalho Ramos, versão 86, não o fez por acaso e muito menos por favores, pois, conforme pudemos demonstrar, embora rapidamente, se trata de um romance que apresenta técnicas composicionais verificadas unicamente em ficcionistas de primeira linha, e, sobretudo, já experimentados nas lides literárias. Hilda Gomes inicia, não com o pé atrás, mas à chegada da maratona, nas passadas finais. Não quer isso dizer que não tenha mais o que fazer no campo literário. Se conseguiu brilhantemente somente agora, tantos anos depois da eclosão das técnicas narrativas, aperfeiçoar técnicas existentes e, como é próprio aos gênios, inventar técnicas inusitadas, o que temos a fazer é parabenizá-la por esse feito singular e almejar-lhe sucesso em suas novas criações literárias.

TEXTO DE ORELHA DA PRIMEIRA EDIÇÃO

ROMANCE DE RAIZ E MÉTODOS POÉTICOS
Darcy França Denófrio

Não me surpreendeu a premiação de Hilda Gomes Dutra Magalhães pela Bolsa de Publicações Hugo de Carvalho Ramos em 1986, na modalidade romance. Ainda na Graduação como aluno do Curso de Letras da UFG, Hilda revelou seu talento invulgar para a ficção, produzindo incansavelmente contos, experimentando os conhecimentos teóricos absorvidos durante o curso, numa espécie de sede inaplacável de perfeição da forma. Não eram alguns contos, mas chegou a produzir originais de livros inteiros, numa angústia de superação de seus limites a tal ponto que, ao receber os comentários do primeiro, ela entregava o seguinte, afirmando que já percebera inúmeras falhas no anterior, já superadas no subsequente. Eu mesma lhe disse em aula, um dia, que o destino lhe reservava um grande futuro nas letras goianas. Creio que não me equivoquei.
Eu me pergunto porque Hilda, tendo se dedicado intensamente a

contos, volta-se para o romance. Cremos que Julio Cortázar poderia explicar isso, já que, para ele, "o romance é a mão que sustenta a esfera humana entre os dedos, move-a e a faz girar, apalpando-a e mostrando-a". O conto não tem fôlego suficiente para tal. A importância do romance em nossos dias parece dever-se ao fato de ser a única forma capaz de aprisionar o "homem vivendo e sentindo-se vivo".

O romance Estranhos na noite, experimental como se apresenta, parece-me singular na literatura goiana. Por isso mesmo não é de fácil compreensão para o leitor, que terá, como a própria autora aventa num exercício de metalinguagem, de "construir o que falta", numa espécie de participação mútua.

Uma das dificuldades de apreensão do universo ficcional de Estranhos na noite é que ele apela para a via poética de acesso, incorporando a linguagem de raiz poética para alcançar a esfericidade do ser que pretende revelar. O leitor verá não só o livre jogo das associações, bem como enumerações caóticas, fluxos de consciência e até mesmo verdadeiros poemas inseridos na narrativa, à guisa de epígrafe dos capítulos.

Em um artigo denominado "Situação do Romance", Cortázar afirma que "o romance entra em nosso século com evidentes manifestações da inquietação formal, da ansiedade que o levará a dar por fim um passo de incalculável importância: a incorporação da linguagem de raiz poética, a linguagem da expressão imediata das intuições." Isso só pode ocorrer, segundo ele, porque o romancista se sentiu submetido por outro mundo que esperava ser dito e apreendido: o da visão pura, o do contato imediato e nunca analítico ou expresso por uma linguagem reflexiva. Pois bem, em Estranhos na noite vamos encontrar essa atitude poética por parte da autora, fato freqüente no romance de nosso tempo e que, via de regra, o coloca fora do alcance do leitor comum.

Consideremos algumas dificuldades do romance premiado, face àquela atitude poética da autora. Vive o conflito interior, por exemplo, um portador de AIDS, com os dias contados, carregando o estigma da doença e na luta obsessiva contra o tempo pra terminar um livro começado. Praticamente tudo isso foi indexado, jamais se falou em AIDS, mas em certos sintomas da enfermidade reconhecíveis pelo leitor, aliados à sugestão do mal, quando o narrador e pseudo-autor fala, ao longo da narrativa, em "minha tragédia", "a maldição", "praga", "meu pecado", "meu segredo". Além disso, a ideia de homossexualismo "fisga-nos pelo cansaço", como o faz o texto poético, por força da repetição do nome do Padre Souza pronunciado até na agonia.

O enredo é diluído, mais das vezes sugerido pro fragmentos de ação que, via de regra, não aparece de forma linear, naturalmente em razão da predominância das técnicas do tempo psicológico, subjetivo, interior, enfim aparentado com a lírica. Daí as fragmentações abruptas do tempo, os inúmeros "time-shifts", além dos fluxos de consciência fundados na área pré-verbal da consciência.

Quanto às personagens, basta que citemos o herói, melhor o anti-herói, com o seu desencontro e desencanto amoroso, cheio de tédio, de rotina e de horror à morte, num visível processo de rememoração ligado ao associacionismo, narrando de si mesmo, mas sem nada gratuitamente entregar de si mesmo, numa atitude poética de difícil decodificação.

Reforçando isto, o foco narrativo, embora não seja único, também se constrói preferentemente e primeira pessoa, como convém ao estado lírico, sem contar a linguagem, que frequentemente sustenta um estado lírico e é exemplarmente singularizada em muitos momentos, oferecendo-nos instantes de verdadeira poesia.

Além disso, a linguagem oferece, muitas vezes, recursos concretistas privativos da poesia, como as expressões em letras garrafais, sugerindo estados emocionais exacerbados, e outros expedientes até então exclusivos da poesia contemporânea, como as palavras-montagem presentes na narrativa.

Não conheço outro livro, em Goiás, que seja um exercício de metalinguagem tão intenso, embora fundido com dores existenciais, como é Estranhos na noite. No seu exercício reflexão sobre o texto, a autora considera tudo. Além de refletir sobre o seu fazer literário, expõe conceitos de Teoria Literária, não raro com ironia; considera o leitor "um sapo", observando tudo; a crítica, espécie de "Sherlock Holmes"; o livro, seu pequeno e pobre Frankenstein, naturalmente mil vezes refeito e emendado; e até ela mesma e suas limitações no seu fazer literário, perdendo, às vezes, o controle sobre as suas próprias personagens, que saem do livro, ou sobre o próprio mundo ficcional, já que não se lembra de haver inventado um certo piano que insurge na narrativa.

O romance experimental de Hilda poderá ate escandalizar os que sempre esperam uma narrativa bem comportada, principalmente porque o seu romance quase esqueceu de ser ação, incorporando uma clara atitude poética. A ela bem se aplicam as palavras de Cortázar, quando afirma que "na vasta produção ficcional de nosso tempo, a linha de raiz e métodos poéticos representa um salto solitário a cargo de uns poucos." Neste sentido, seu livro sustentará sua significativa e bem sucedida solidão entre nós, representando um inconfundível marco de experimentação na literatura goiana.

AS TRAMAS DE UMA AUTORA NOVATA
Rachel Azeredo

Estranhos na noite chegou de mansinho às livrarias, após alguns lançamentos realizados aqui em Goiânia, em Silvânia e até mesmo em Barra do Garças, marcando os locais de vivência e experiência da autora, Hilda Gomes Dutra Magalhães. Mas não é livro que nasceu da noite para o dia, como podem pensar alguns ou mesmo como costumam dizer muitos críticos que, desconhecedores da realidade local, acabam por sair "deitando falação" aos valores locais.

E Hilda é um desses valores, da safra dos novos, que começou carreira com o pé direito. Com 25 anos, saiu vencedora da Bolsa de Publicação Hugo de Carvalho Ramos, com o romance Estranhos na noite, livro que agora chega ao leitor com quase dois anos de atraso, pois, vencido o período da premiação, faltava quem desse o empurrãozinho necessário à impressão, retirando os originais da gaveta da burocracia.

TRAMA FORTE

Aqueles que partem da premissa de que "Santo de casa não faz milagre" devem dar um crédito a Hilda, que chega com uma obra onde o mínimo a se dizer é que a trama é forte, bem estruturada, daqueles que prendem a atenção. Ela, nascida em Silvânia em 1961, com estudos iniciados no colégio salesiano Instituto Auxiliadora, passou por Letras Vernáculas na UFG e imediatamente entrou no curso de mestrado, partindo para elaboração da tese ligada à literatura, sua grande mania.

Hilda foi professora em vários colégios da capital e, do conto, passou ao romance, possuindo, além de Estranhos na noite, dois outros inéditos. Neste livro, agora finalmente editado, Hilda segue uma linguagem diferente, bem explicada pela professora Darcy França Denófrio e também por José Fernandes na apresentação, leitura obrigatória antes da obra em si, para que o leitor comum alcance a plenitude do texto. Da apresentação não há como entrar no livro sem compreender as viagens poéticas da força do texto.

Sem nunca mencionar a palavra Aids, Hilda conseguiu, de forma rica, mostrar um paciente terminal em seus devaneios, em suas psicoses e em seu desespero de amor e por amor. São pensamentos curtos, às vezes desconexos que se interligam com clareza, levando a ideia do desespero ao clímax, sem as pieguices que podem surgem quando se fala nas sensações de um paciente terminal. O choro, a angústia e a alternância de lembranças passam a ser naturais no desenrolar da trama, onde o tédio e a rotina do anti-herói acabam sendo pedacinhos do cotidiano de cada um, da infância que poderia ter sido a nossa, das lembranças que acabam sendo comuns a todos.

Hilda Magalhães está atualmente morando em Barra do Garças como professora do Campus Avançado da Universidade Federal de Mato Grosso, mas seu livro está aí. Como boa opção e excelente prova de que "Santo de casa faz milagre". Independente da idade.

(Texto publicado em O popular, 25.09.1988)

ESTRANHOS NA NOITE
Núbia N. Marques

Se existe uma luta para tocar a palavra e dela fazer a grande expressão, esta encontramos no livro de estreia de Hilda GD Magalhães, Estranhos na noite. Uma escritora madura nos seus primeiros passos dentro da ficção brasileira. A linguagem desse romance, cheio de perplexidade, segundo seu prefaciador, prof. José Fernandes, é uma "briga com as palavras para que elas revelem o mais profundo interior, o nó da existência da personagem-narrador". Realmente, há um confronto patético entre as palavras para bem situar a atormentada personagem, que se sente inútil e frustrada, diante das circunstâncias adversas de ter seus dias contados, aguardando a morte absolutamente certa e esperada, com a impaciência angustiante de quem fez uma revisão de vida, numa caminhada solitária. A avaliação pungente de uma travessia nem sempre certa, seja pela ausência preponderante do desafeto, seja do autoconhecimento DNA trajetória esconjurada, tendo como pano de fundo a figura plácida e terna de mãe Rosa.

A narrativa é um verdadeiro desafio para a autora de Estranhos na noite, narrada na primeira pessoa, cuja personagem é masculina, oposto da sua criadora. O herói desse romance não é um bravo, nem tem o símbolo da sua referência masculina, qual seja: a intrepidez e a fortaleza, mas um frágil homem atormentado pela sua tibieza. À medida que o romance acontece, a personagem central se confunde com pessoas e coisas e se recrimina em cada análise e se angustia a cada momento, quando cai em seus abismos.

A narrativa é montada na poesia e o galope surrealista faz parelha com a agonia e a desestruturação do condenado à mote. Essa agonia é partilhada com sua autora que a aglutina sensivelmente ao ato de escrevera a brutal batalha da tortura para criar. Um jogo bem arquitetado da escritura goiana que demonstrar o alto nível de ficção feminina que tem sido superlativa nos últimos tempos.

Não entendemos muito o uso abusivo dos pontos de admiração. Diante de uma escritora com narrativa tão forte, vibrátil, densa, é desnecessária tal pontuação. O tempo romanesco é uma semana. O fim de semana seria o descanso do atormentado Daniel. Um enredo não tem os limites da tradicional narrativa. A força não está na trama. Esta se aninha na palavra e dela extrai o impacto de um romance que foge ao ritmo consequente e bem dosado. O descompasso foi a forma que HGM utilizou para captar a personagem central no seu desespero de sentir que a vida lhe escapa inexoravelmente.

O herói de Estranhos na noite, em vez de possuir as imunidades inerentes ao heroísmo, é tão frágil como qualquer morta. Nos últimos momentos de sua existência, Deus se faz presente para assisti-lo no seu ato de contrição, batendo no peito, mea culpa, mea culpa, e que bem situa a autora fervorosa e confiante nos poderes de Deus, o grande redentor, que vem colher a sua ovelha desgarrada.

(Texto publicado em Arte e Literatura, Semana de 30.10. a 05.11.1988)

CARTA DE MANOEL DE BARROS
Campo Grande, 12.11.88.
Hilda Magalhães,
Cara romancista-poeta

Recebi e agradeço "Estranhos na noite".
Você é uma inauguração. As frases muitas, tantas, são versos encantadores. Você é legítima. Seu assunto está devidamente subjugado pela linguagem. Este é o sinal do artista. Pode você se esconder atrás do tempo _e do espaço_ que eu a descobrirei pelo estilo. Quantos poucos que têm estilo! Viva Goiás com seus artistas: Godói Garcia, Kléber Gouveia, Hilda Magalhães, Siron. Seu livro tinha que ser recebido pela crítica nacional como foi o

Quinze, de Rachel de Queiróz; como foi o Perto do Coração Selvagem, da Clarice. Pois esses foram inaugurações. E Estranhos na noite é uma inauguração. Meus parabéns e muito obrigado. Desejaria enviar por seu intermédio um grande abraço ao nosso amigo José Fernandes.
Seu admirador
Manoel de Barros.

CARTA DE JOSÉ J. VEIGA

Rio, 9.1.89
Prezada Hilda,

Você me mandou o Estranhos na noite, em outubro último, e não me lembro se lhe escrevi agradecendo, como foi minha intenção após a leitura. Como tive de fazer algumas viagens em seguida, ficou-me a dúvida. Relendo o livro agora, deu-me vontade de lhe escrever (de novo?), porque achei pela segunda vez que o seu livro é muito bom. Se é o primeiro que você escreve para valer (digo "para valer" porque por trás dele deve haver muito trabalho), aí ele fica melhor ainda; e começar nessa altura que você atingiu é promessa de bons livros por vir. Melhores? Quem sabe; mas nem é preciso. Você tem duas qualidades importantes (entre outras): 1) tem o que dizer, porque sabe observar e indagar; 2) sabe dizer com originalidade o que esta indagando. Ao que eu sabia, você não escreve "à maneira de" ninguém. Isso é difícil para quem começa. Se você continuar a escrevendo – e publicando- tenho certeza de que logo o seu será um nome importante na literatura brasileira. Já é, para mim; mas é preciso que mais gente saiba. Eu a felicito pelo belo livro, agradeço a gentileza da remessa e fico esperando mais, como leitor exigente. Tudo de bom para você em 89.
José J. Veiga.

CARTA DE HOLDEMAR MENEZES

Florianópolis, 15 de junho de 1989.

Minha Cara Hilda,

faz tempinho que. recebi o seu romance "Estranhos na noite". Na verdade, já devia tê-lo acusado, ou melhor: ter acusado o seu recebimento. É, aliás, um hábito meu. Creio que é a menor consideração que se tem para com o autor. Mas é que não desejava apenas acusar o recebimento do seu livro: eu queria lê-lo, penetrar no mundo ficcional de uma escritora até então desconhecida para mim.

Este Brasil é grande demais! Não conhecemos muita coisa além do nosso pequeno horizonte. De Goiás, que sei eu? Li alguns livros de Bernardo Élis, de Carmo Bernardes, de Campos de Carvalho, de Miguel Jorge. Agora me chega você, que, ainda tão jovem, tem um compromisso com o futuro.

Gostei do seu livro, que tem personalidade própria, que tem a sua individualidade. Você não procurou o caminho da facilidade, da concessão. Também não concordo com o "orelhista" Darcy França: seu livro não é um romance difícil. É apenas um romance sério, que penetra no interior de todos nós que escrevemos. Você mesmo diz: "O escritor é um feliz caçador de ideias... por páginas inteiras, ele é o dono do mundo e do destino não apenas dos outros, mas do seu próprio. Um pequeno grande deus. Laça sonhos, sementes, vidas."

Mas eu queria dizer apenas que li o seu romance, da primeira à última página. Não sou um entendido em Teoria da Literatura e muito menos do romance. Mas já li alguma coisa sobre o assunto, apenas por curiosidade.

Sou um velho parteiro que, aos cinquenta anos de idade, entendeu que era capaz de também escrever. Comecei tardiamente, veja você. Mas não foi por isso que o meu nome não saiu da Ilha. Certamente há causas mais ponderáveis.

Sim, mas o que eu queria dizer é que, apesar de parteiro, de não entendido em Literatura, pelo hábito de ler, sei apreciar bons livros, maus livros; bons e maus escritores. Você sabe escrever, é talentosa e foi capaz de fazer um bom romance. Acredito em você.

No mais, desculpe-me pelo tempo decorrido sem qualquer sinal de

vida de minha parte. E não me deixe de enviar os seus escritos.
Um forte abraço do
Holdemar Menezes

(ARAGÃO, Maria Lúcia Poggi. Prefácio. In: Magalhães, H. Herança. Goiânia: Cerne, 1992.)
"Poeta e crítico compartilham de um mesmo destino: o de traduzir as infinitas dimensões da realidade, a partir da reflexão sobre a linguagem e sobre as condições objetivas da literatura, lugar privilegiado de encontro entre o prazer e a pesquisa. Prazer da pesquisa, da consecução de um projeto, de uma direção que nem sempre se conhece previamente, mas na qual se é lançado em busca de um sentido para o texto/vida.
Hilda Magalhães, em Herança, pertence a esta dupla categoria. Seu olhar de Pandora, imerso no tempo e no espaço, vai captar os instantes que fizeram e fazem a história grandiosa dos seres anônimos, em suas vidas quotidianas, e que, no entanto, ao traduzirem nos fatos corriqueiros, falam da riqueza do que poderíamos chamar de "história do cidadão comum". Ao mesmo tempo, percorre todo o texto uma segunda visão, própria de sua permanente consciência crítica do ato de criação literária."
(...)
Herança é um grande metatexto. A escola de samba, com seus carros que ora encontram os seus momentos de glória, ora não andam, empacam, precisam de um empurrão, metaforiza a luta do poeta e o destina da poesia. Passada a novidade, a moda, envelhecendo o estilo, restarão as obras inertes nas bibliotecas, como os carros alegóricos, no dia seguinte, abandonados, irreais, absurdos? Aqui também encontramos um espaço de questionamento sobre o conceito do belo, em arte. É o belo um conceito atemporal e imutável, ou varia no tempo e no espaço? Penso que a sua resposta vem contida no último capítulo do livro, quando vislumbra a formação de um grande coro que, em voz uníssona, de mãos dadas, sintetiza a ideia de que cada elemento tem um papel particular em relação ao todos, que cada figurante é

fundamental no conjunto do bloco, que cada bloco é indispensável no conjunto da escola, que cada escola contribui para o brilho da festa."

(SANTOS, Roberto Corrêa. Texto de orelha. In: Magalhães, H. Herança. Goiânia: Cerne, 1992)
"A literatura de Hilda G. D. Magalhães é aqui elaborada por meio de grande variedade de materiais, como se a escritora aproximasse seu ofício ao do bricoleur. Os processos literários (os quase contos, as quase crônicas, os poemas orientam-se por uma particular teoria da carnavalização do texto, levada a tal ponto que a figura mais adequada para expressar a atitude técnica de Hilda seria a do escritor carnavalesco. E o carnavalesco, entendido não apenas como o idealizador de uma estrutura (a da escola de samba), mas também como profissional do sonho, arquiteto de uma festa monumental, nascida, entretanto, da montagem paciente de coisas díspares e miúdas. Há, em Herança, muito do clima do sonho ele mesmo, por uma certa desordem das peças, por um certo ritmo dissoluto, a liberdade da fantasia, o acúmulo das imagens. A festa, tanto no tema, quanto na alegria da escrita. A ópera das ruas - o carnaval- serve de planta baixa à fabricação do... romance. Sobre esse desenho básico gera-se o seu texto, a sua literatura. Uma literatura que coleta, reúne, distribui. É uma literatura que absorve, embebendo-se do vasto imaginário nacional – seus mitos – suas lendas, seus poemas já anônimos, suas crenças e seus medos. Uma literatura que procura unir o mundo das manifestações orais ao mundo da letra. Pois a literatura aqui ressuscita os fantasmas da Literatura: traz para o convívio público escritores, personagens, cenas. Todos reunidos no carnaval do texto. Parece ser essa a grande utopia que move e costura os elementos – a utopia da integração. No entanto, o livro registra a dificuldade de harmonia, e muitas vezes as partes rangem, resistem. Como se em algum ponto, ao longe, a batida de um tambor soasse.
Arte das alegorias, peças vibrando como estandartes ao vento,

multidões de seres e coisas movidas pela diversidade de ritmos, o poder da repetição, a eletricidade das narrativas, ajuste da euforia à emoção contida, eis alguns dos instrumentos sendo aos poucos afinados pelas mãos de Hilda, em exercício para o livro-a-vir.

(SÁ, Roberto Boaventura da Silva. A harmonia dos plurais em Herança, de Hilda Gomes Dutra Magalhães. Prefácio. In: MAGALHÃES, Hilda. Herança. 2ª. ed. Cuiabá: EdUFMT, 2004.)
"Na evolução do Bloco XII, exceto o primeiro parágrafo que pede ao leitor que cante em voz alta, a narração fica por conta de pequenas passagens das mais variadas e conhecidas marchinhas carnavalescas. Pela superposição das letras, sem aparente lógica sequencial, o bloco está bem justificado. Contudo, a não sequência lógica das letras é mais um recurso artístico encontrado, pois em momento algum o texto cai, ao contrário, evolui fluido, sempre adiante e com muito vigor.
Outra leitura possível é ver o bloco como metonímia do texto como um todo. Em diversas passagens, realidade e fantasia convivem sem lógica sequencial; contudo o que não interrompe a evolução. É o título "Gente em Apoteose". É o epílogo da festa, ou talvez o começo: afinal, como já observou Bakhtin, "...a cosmovisão carnavalesca também desconhece o ponto conclusivo, é hostil a qualquer desfecho definitivo: aqui todo fim é apenas um, novo começo, as imagens carnavalescas renascem a cada instante." (01)
Desta maneira, a herança de Herança é a certeza de que a festa, de fato, se renova a cada ano para todos. Por isso, na apoteose hildeana, misturam-se as fontes das diversas escolas que se encontram e se confraternizam:
"Todos trazem uma manga no coração, manga... verde e rosa... mas desce também o enxame de beija-flor com suas mais de trinta alas... e tem também a porta e a Portela ao sabor da tradição..." (H, 249)
No final, todos devem ter consciência de que "...é preciso saber sambar e lambar, que a dança e o canto se renovam a cada ano." (H, 249)

Na mesma apoteose, lado a lado, convivem personagens de Herança com as de Alencar, Machado, Lygia e outros. E encontrando seu espaço na festa, também "o jovem poeta se aproxima da apoteose e traz uma expressão estranha nos olhos". (H, 251)

Em seguida, a narradora, que se recorda a anfitriã da festa, lembra a si mesma de que "é preciso ter a alegria do todo". (H, 251), pois, ao encontrá-la, estará garantindo a necessária "harmonia dos plurais" (H, 252), tanto da obra literária quanto da própria existência.

Desta forma, Herança, de Hilda G. D. Magalhães surge no cenário da Literatura Brasileira como um texto que precisa ser conhecido pelo maior número possível de leitores interessados por uma boa obra literária. Afinal, "um grande metatexto", como este, não pode permanecer restrito a poucos privilegiados."

NOTAS

1. BAKHTIN, Mickhail. PROBLEMAS DA POÉTICA DE DOSTOIÉVISK. Rio, Forense-Universitária, 1981, p. 143.

(OLIVEIRA, Gislei Martins de Souza. A construção romanesca em Herança/La construcción romanesca em herança, de Hilda Magalhães. Revista Ecos, Cáceres, 35(02), p. 45-58, 2023. Disponível em: https://doi.org/10.30681/ecos.v35i02.11205 Acesso em 28 mar. 2025.

Musicalidade, sons e estampidos ressonam da obra de Magalhães em um misto narrativo que também congrega: folguedos populares (como o Caruru de Cosme e Damião encontrado no capítulo sexto); referências literárias nacionais (Machado de Assis no bloco nono; Mário de Andrade , no décimo); e, ainda, acontecimentos históricos (a copa de 90 presente no nono capítulo). Esses são apenas exemplos de pluralidade ficcional construída em Herança que irão desembocar na mescla de narrativa e escrita poética configurada no bloco décimo, no qual a narrativa projeta diversos poemas com conteúdos e estilos diversificados.

(...)
Ao assumir diversas posições no discurso literário, a narradora desterritorializa o imaginário localista do estado ao introduzir a tópica da identidade voltada a elementos (mascaramento, mistura, felicidade, tristeza, etc) que tocam o ser humano de um modo geral. De modo bastante particular, observamos como a narradora carrega em si a presente na figura do clown, revelando uma subjetividade fragmentada em virtude de seu modo de trabalhar a matéria narrada, a saber, a construção do próprio romance. Com esse recurso, a narradora transita entre diversos temas que, de uma forma ou de outra, estão atrelados à temática maior, que seria a diversidade cultural que circunda a identidade brasileira como também o lugar do escritor na sociedade."

(SILVA, Cláudia Lúcia Landgraf Pereira Valério da. A harmonia dos plurais na obra Herança, de Hilda G. D. Magalhães. Dissertação (Mestrado em Estudos de Linguagem) – Universidade Federal de Mato Grosso/ Instituto de Linguagem, Cuiabá, 2007, p.66. Disponível em: www.dominiopublico.gov.br Acesso em 12 mar 2025.

"Magalhães elabora seu texto num modo constante, que, numa linguagem cinematográfica, vai de uma visão panorâmica (macro) ao close (micro). Observamos este procedimento quando a narradora trata da personagem Beatriz, no Bloco IV, onde faz referência a Dante Alighieri, um poeta-peixe universal, em oposição ao poeta-peixe que representa todos os poetas, inclusive o novo, em outros momentos da narrativa. Tal reação, entre o universal e o singular, também fica evidente no capítulo intitulado Área de concentração, em que o grande poeta-peixe Machado de Assis sufoca, em sonho, o poeta-peixe novo.

Verificamos a utilização dessa técnica cinematográfica também no Bloco IX, Miragem de um trovador, onde, em close, são apresentados momentos da história contemporânea brasileira (micro) e, numa visão mais ampla, já referências a Machado de Assis no capítulo O delírio, de Memórias Póstumas de Brás Cubas, que trata de questões da história da humanidade (macro). O

mesmo procedimento é utilizado no Bloco X, Narrativa a là Andrade, no poema intitulado MARAGUAIA, que parte de uma visão exterior (macro), o mar, para uma visão interior (micro), o rio Araguaia.
(...)
Neste jogo entre carnaval, uma festa originariamente popular, e a literatura, podemos observar, na aparente fragmentação da estrutura dos capítulos-bloco, a tentativa de unir esse "todo fragmentado" através da tradição cultural e literária, na reconstrução desse corpo quebrado através da pluralidade da festa carnavalesca."

REIS, Célia Maria Domingues da Rocha. O hibridismo composicional em Herança, da escritora mato-grossense Hilda Magalhães. In: CONGRESSO INTERNACIONAL DA ABRALIC, 11, 2008, São Paulo. Anais do X...-Tessituras, interaçoes, convergências. São Paulo: Universidade de São Paulo, Disponível em: http://www.abralic.org.br/eventos/cong2008/AnaisOnline/simposios/pdf/071/CELIA_REIS.pdf Acesso em: 10 fev 2025.
"Pandora metamorfoseia-se, ela própria, na ação que estimula e propaga: _E eu, Pandora, dos rarefeitos espaços livres da poesia (...) pandoro neste vale de linhas e reco-recos e me faço rainha e anfitriã (MAGALHÃES, 1994, p. 31). É do lugar colocado problemático, um entrelugar, que se dá a enunciação, sentido literal e figurado: o dos rarefeitos espaços livres da poesia, campo da arte, lugar da errância (l'errance) – não no sentido negativo de carência de verdade, de algo a ultrapassar, mas como aquilo que se deploie comme rythme du monde, constellé par des signes, des figures et des formes-et-des-contenus infiguratifs (AXELOS, 1991, p. 142).
É dessa forma que a narradora tece uma crítica sutil a esse canal virtual alienante, desconfigura-o, transcende-o, e provoca uma outra virtualidade, a fictícia, desveladora das subserviências, da mudez da arte e do seu papel social, da "literatura como ação que reflete e reage a aspectos culturais do período" (DOMENECK, 2005-6, p. 180), pela lei do reconhecimento mental – o mundo terá

o sentido que lhe dermos. É esse esforço extremo que Pandora tenta empreender, atando existência e criação, tentativa de sair do cotidiano alienado, estéril e massacrante, de reunir pessoas, tendências, em diálogos plurais. Mas, se assim é, ao dizer-se Sísifo, já vaticina sua destinação: a cada dia uma tentativa e um desabamento. Festa periódica, provisória, carnaval. Isso ocorre no desfecho, após ter sido solucionado o problema de um carro alegórico que não andava, quando ela assume novamente sua identidade de narradora, tendo ficado por longo período sem se anunciar na narrativa.

O emperramento do carro alegórico ocorre no Bloco XI, Poeta em Bronze. Os personagens não sabem o que aconteceu, mas o leitor vai sendo avisado das razões da pane pelas interpelações angustiadas do velho poeta, que nesse momento adquire caráter de extensão temporal, revestido por uma intensidade – o seu discurso culpado faz passar pelos olhos a heterogeneidade dos valores dos movimentos de vanguarda do século XX, algumas já referidas antes, cada qual com uma proposta estética diversa, como protesto, denúncia, escândalo, destruição:

Alguma palavra mal posta? É o buraco que existe ou o que existe é o buraco? Se olharmos o buraco, ao contrário, não teremos ocarub e ocarub não quer dizer buraco e, de frente para diante, buraco não é bu ou aço, que pode ser aço e oco? (p.233)

Os destaques descem do carro. Quem sabe se estiver mais leve ele anda. (...) O destaque petrificado no asfalto, sem poder se mexer, inerte em sua alegoria. (...)

Alguém comenta. (...) (p.233)

_A alegoria do escritor emperrou.

O velho leva um susto. É o susto do escuro, é novamente o buraco. Teria sido sua culpa? Foi algum parágrafo mal feito? Teria feito verso que não é verso, prosa que não é prosa? (...) Será que foi falta de imagem?

O júri da evolução acusa: o buraco. Há uma falha na evolução. (...)

Os intelectuais cansam-se do buraco.

-Sem graça.

-Mas então não era moda?

_Era, era, era. (...)
-Mas, e o jogo de xadrez, de Pound? E a secura? (p. 234)

É com a secura de Pound que ela constrói, somente com versos, o Bloco X, denominado Narrativa a là Andrade, nos quais faz mais opção pela construção paratática, frases nominais, com supressão ou justaposição de enunciados e conseqüente adensamento de sentidos e efeitos poéticos, dispensa conectivos e artigos omite detalhes de cenários, personagens, elide situações termos, sumariza acontecimentos, o que mostra o ensejo e a realização do texto narrativo, que no todo é prosa, de ser poesia e ainda, como vimos, música audível; nele já haicais, quadrinhas, monósticos, ditos populares, blagues: (...)
Ao final do romance, a entidade narradora diz ter vencido as palavras e o próprio destino, Sísifo vitorioso. Vencer as palavras é vencer o texto, é concluí-lo, uma chamada para o término gráfico do romance, tarefa árdua. Mas Pandora não vence a proposta, não encontra resposta para sua indagação inicial acerca da existência desregrada dos seres, da arte e dos seus rumos. Ela apenas comemora a presentidade, o instante da reunião dos blocos de aprendizes (os que se posicionam sempre com o sentimento de carência, tomam a iniciativa do exercício e tem a perspectiva da possibilidade), essa reunião em si, que resultou no constructo narrativo, e a própria existência dos blocos. A arte continua o seu curso."
Obras citadas:

AXELOS, Kostas. Métamorphoses. Clôture-Ouverture. Paris: Les Éditions de Minuit, 1991.
DOMENECK, Ricardo. Ideologia da percepção ou algumas considerações sobre a poesia contemporânea no Brasil. In: Revista Inimigo Rumor, 18, 2º. Sem 2005/1º. Sem 2006, p. 175-215.

(LEITE, Mário Cezar Silva. Prefácio ao História da Literatura de Mato Grosso: Século XX. In: MAGALHÃES, H. História da literatura de Mato Grosso: Século XX. Cuiabá: Unicen, 2001)

"O trabalho ao qual Hilda Gomes Magalhães se dedicou representa - para os estudiosos da literatura, para os historiadores e para os interessados no tema de maneira geral – um marco definitivo na própria historiografia literária de Mato Grosso e do Brasil. Um levantamento bibliográfico exaustivo da produção literária dos anos 30 aos 90 do Século XX que vai tecendo entre a prosa e a poesia – entre os autores de reconhecimento e vasta obra e autores poucos conhecidos – um pouco da essência do que nos distingue e do que nos integra no múltiplo todo da cultura brasileira.
A proposta de uma perspectiva onde apareça não apenas o material predominante, mas o que ficou à margem amplia o universo tanto literário quanto historiográfico e traz à tona múltiplos aspectos da produção literária que, como se sabe, como se sabe, costuma hegemonizar algumas características, consagrar alguns autores, uniformizar certos temas e "decretar" e "canonizar" a Literatura de uma época ou espaço, ao mesmo tempo em que, ignorando e exilando outros aspectos, outros autores, outros temas, proporciona a, terrivelmente, falsa impressão de que apenas o "canonizado" que foi produzido é representativo e significativo. Quando em verdade a efervescência adjacente, marginal, exilada, por trás, lateral ou abaixo da hegemonia, é muitas vezes, no mais das vezes, - e a História da Literatura no Brasil e no mundo está cheia desses exemplos – o pedaço, o alento, a seara de boa semente de futuro, de qualidade, dentro daquele presente "canonizado". A projeção, as perspectivas, que virá. O devir outro! Embora já estivesse.
(...)
Também se pode dizer que esse livro é marco inaugural em vários aspectos. No aspecto restrito à obra, distancia-se dos bairrismos e do discurso apologético que infelizmente ainda caracteriza, e sempre deu o tom, às produções locais. Embora concebido como

História da Literatura, ele se aproxima da crítica literária e trama com e contra os autores. Acredito que um dos pontos altos é, exatamente, na perspicácia de crítica aliada à qualidade de escritora, o apontamento do essencial nos autores e suas obras. Poder-se-ia dizer que se estabelecem as balizas primordiais da Literatura de Mato Grosso. É uma sinalização, um caminho, uma trilha apontada. Não que não se tenha produzido outros trabalhos anteriores, e também importantes nessa área. A própria autora recorre a seus antecessores – e como romancista que também é, insere-se na tradição – e com eles dialoga. E é a partir desses antecessores, Rubens de Mendonça e Lenine Póvoas, que o História temporalmente retrocede e amplia-se para antes do Século XX, para os primeiros passos literários em Mato Grosso, para os tempos da antiga capital Vila Velha da Santíssima Trindade e para a importante efervescência teatral no Estado ainda nos séculos XVIII e XIX.

(...)

De Dom Aquino Correia, romântico-parnasiano em plena década de 1940, à radicalidade-Ave vanguardista do poema processo de Wlademir Dias-Pino (já em 40!), passando pelas Gramáticas e ignorâncias do Chão de Manuel de Barros, pelo Manuscrito de Cavalcanti Proença, pelos berros místicos-autobiográficos de Tereza Albués em Nova York, pelo corpo sensual-social de Marilza Ribeiro, pelos Páramos demonizados de Dicke, pelo cortante e revolucionário Dom Pedro Casaldálgica, tece-se a teia, trama-se a veia, de uma história e de uma literatura regional.

Por isso, ainda com Borges, o livro, este e todos os livros aqui contidos, conserva algo de sagrado, algo de divino, não implicando um respeito supersticioso, mas o desejo de encontrar felicidade, de encontrar sabedoria. Era o que eu desejava dizer-lhes..."

www.ingramcontent.com/pod-product-compliance
Lightning Source LLC
Chambersburg PA
CBHW071038240526
45469CB00006BD/2257